中国电建
POWERCHINA

中国电建集团西北勘测设计研究院有限公司

特高拱坝
安全监测设计与分析
——以拉西瓦水电站为例

石立　张群　高焕焕　等　著

中国水利水电出版社
www.waterpub.com.cn

·北京·

内 容 提 要

本书综述了拉西瓦水电站等特高拱坝在施工期和运行期的安全监测设计方案、监测资料分析和反演分析结果；总结了特高拱坝在监测断面布设、监测项目拟定、仪器设备选型、监测重点等安全监测设计的要点内容；总结了特高拱坝在施工期的安全监测特点、在蓄水初期的一般变化规律以及长期运行下的监测重点；对比分析了拉西瓦特高拱坝变形的实测成果、有限元计算成果与模型试验成果，根据反演计算成果分析了材料设计参数和反演参数之间的差异性及其对特高拱坝运行性态的影响；简述了特高拱坝安全监测的发展历程和智慧监测技术，对安全监测未来的发展趋势进行了展望。

本书以拉西瓦水电站为依托，系统地梳理了我国特高拱坝安全监测设计的特点，总结了安全监测设计的要点及要求，分析了特高拱坝在施工期及运行期的监测规律及特性。本书成果可为特高拱坝安全监测设计、安全运行管理提供宝贵经验，对于科研、设计、施工、教学等相关人员开展工作具有一定参考价值。

图书在版编目（ＣＩＰ）数据

特高拱坝安全监测设计与分析 ： 以拉西瓦水电站为例 / 石立等著. -- 北京 ： 中国水利水电出版社，2023.10
ISBN 978-7-5226-1880-7

Ⅰ．①特… Ⅱ．①石… Ⅲ．①水电站－高坝－拱坝－水利工程－安全－设计－研究－青海 Ⅳ．①TV642.4

中国国家版本馆CIP数据核字(2023)第204267号

书　　名	特高拱坝安全监测设计与分析 ——以拉西瓦水电站为例 TEGAO GONGBA ANQUAN JIANCE SHEJI YU FENXI ——YI LAXIWA SHUIDIANZHAN WEILI
作　　者	石 立 张 群 高焕焕 等 著
出版发行	中国水利水电出版社 （北京市海淀区玉渊潭南路 1 号 D 座　100038） 网址：www.waterpub.com.cn E-mail：sales@mwr.gov.cn 电话：（010）68545888（营销中心）
经　　售	北京科水图书销售有限公司 电话：（010）68545874、63202643 全国各地新华书店和相关出版物销售网点
排　　版	中国水利水电出版社微机排版中心
印　　刷	北京中献拓方科技发展有限公司
规　　格	184mm×260mm　16 开本　13.25 印张　322 千字
版　　次	2023 年 10 月第 1 版　2023 年 10 月第 1 次印刷
定　　价	**98.00 元**

前　言

近年来，我国已建成多座工程规模巨大、建设条件复杂的特高拱坝，如建在高寒地区的拉西瓦水电站拱坝、世界最高的锦屏一级水电站拱坝、混凝土方量世界第一的小湾水电站拱坝、坝身泄洪设施规模最大的溪洛渡水电站拱坝、抗震级别最高的大岗山水电站拱坝等。这些工程，不仅在我国水电建设史上具有里程碑意义，在世界拱坝发展中也占据着举足轻重的地位。它们标志着我国特高拱坝建造与管理技术已跻身世界先进水平。然而，特高拱坝工程结构复杂、建设难度大、技术标准不完善等，导致其仍然存在较多的理论与技术难题，如结构优化设计、仿真分析技术、温控防裂措施、施工质量控制、破坏机理分析、地质缺陷处理、风险防控管理等问题。应对这些前所未有的挑战，未来特高拱坝的建设需要众多科研、设计、施工、管理等相关人员共同努力，总结以往工程实践经验，促进特高拱坝建设技术水平的发展。

拉西瓦水电站是黄河流域装机容量最大、发电量最多、单位千瓦造价最低、经济效益良好的水电站。拉西瓦水电站于 2022 年 11 月入选 "2022 中国新时代 100 大建筑" 名单，2023 年 1 月入选 "人民治水·百年功绩" 治水工程项目名单。中国电建集团西北勘测设计研究院有限公司于 20 世纪 50 年代提出拉西瓦水电站建设规划，70 年代开始设计举世瞩目的龙羊峡水电站，80 年代开始设计李家峡水电站，多年来先后完成了 300 余座大中型水利水电工程的勘测、设计任务，创造了多项世界第一或中国第一。2023 年 2 月，拉西瓦水电站通过了枢纽工程专项验收，为工程竣工验收奠定了坚实的基础，标志着该工程进入运行期。2023 年 9 月，拉西瓦水电站成为我国电力投资体制改革后，青海省乃至西北地区实现竣工验收的第一个大型水电站。拉西瓦水电站 2015 年 10 月达到正常蓄水位，投运至 2022 年年底，年平均发电量为 116.15 亿 kW·h，截至 2023 年 8 月底，累积完成发电量达 1519 亿 kW·h。拉西瓦水电站工程能够顺利完建和安全稳定运行，尤其在拱坝健康监测、安全性态评判、反馈设计与施工等方面，安全监测发挥了积极的作用。对拉西瓦水电站特高拱坝安全监测工作进行总结，有利于大坝运行期的安全管理，同时对于未建特高拱坝的设计、建造、蓄水、运行具有非常重要的参考价值。因此，本书依托拉西瓦水电站，参考国内其他特高拱坝工程公开的安全监测资料，从安全监测设计、监测资料分析、仿真分析计算、智慧监测等方面总结了特高拱坝安全监测相关技术。

本书共分9章。第1章介绍了拉西瓦水电站总体布置及建设历程，介绍了该工程的特点及难点，由石立、张群编写；第2章以拉西瓦水电站为主，介绍了特高拱坝安全监测设计方案，总结了安全监测设计要点，由高焕焕、陈树联、白兴平、唐鹏程、李宝新编写；第3～7章分析了特高拱坝的变形、渗流、温度、应力应变等监测资料，总结了特高拱坝在施工期的安全监测特点、在蓄水初期的一般变化规律以及在运行期的监测重点，由李俊、周鹤翔、袁秋霜、李金胜编写；第8章对比分析了拉西瓦水电站特高拱坝变形的实测成果、数值计算成果与物理模型试验成果三者之间的差异关系，对施工期的综合变形模量和运行期的线膨胀系数、自生体积变形、坝体弹性模量等参数进行了反演分析，就拱坝设计温度荷载与实际温度荷载对大坝变形、应力的影响进行了分析，研究了二者之间的差异，并复核了这种差异对大坝安全的影响，由王丽蓉、杨柱、吕庆超、李金胜编写；第9章简述了特高拱坝安全监测的发展历程与现状，探讨了安全监测的智慧化发展趋势以及为实现智慧监测而出现的具有广泛应用前景的关键技术，最后对安全监测技术进行了展望，由李斌、廉鹏涛编写。

由于掌握的资料有限，加之作者知识水平限制，书中关于特高拱坝的安全监测设计与分析难免存在错误和不足之处，敬请读者批评指正。

本书编委会

2023 年 9 月

目 录

第 1 章

概　　述

1.1　工程概况

拉西瓦水电站位于青海省境内的黄河干流上，是黄河上游龙羊峡至青铜峡河段规划的第二座大型梯级电站。电站距上游龙羊峡水电站 32.8km（河道距离），距下游李家峡水电站 73km，距青海省西宁市公路里程为 134km，距下游贵德县城 25km，对外交通便利，具体位置如图 1.1 所示。

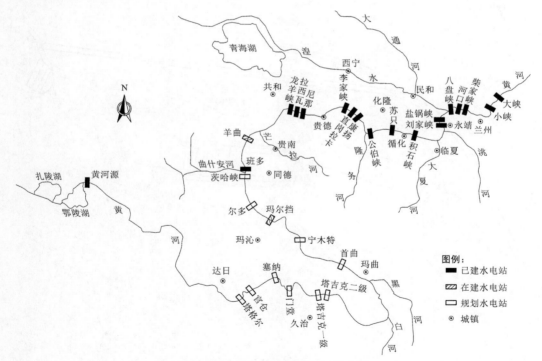

图 1.1　黄河上游水电站位置示意图

拉西瓦水电站装机容量为 4200MW（6×70 万 kW）。水库正常蓄水位高程为 2452.00m，总库容为 10.79 亿 m^3，水库具有日调节能力，调节库容为 1.5 亿 m^3。电站多年平均发电量为

102.23 亿 kW·h，保证出力为 990MW，额定水头为 205m，是黄河流域规模最大、发电量最多、经济效益良好的水电站，是"西电东送"北通道的骨干电源，也是实现西北水火电"打捆"送往华北电网的战略性工程。电站主要承担西北电网调峰和事故备用的职能，在支撑西北电网 750kV 网架、实现西北电网向区外输电中起着重要作用。

1.2　枢纽布置

拉西瓦水电站枢纽建筑物由混凝土双曲拱坝，坝身表孔、深孔、底孔等泄洪建筑物，右岸地下引水发电系统，坝后水垫塘及二道坝等组成，枢纽布置如图 1.2 所示。该工程属一等大（1）型工程。主要永久建筑物设计等级为：混凝土双曲拱坝、泄洪建筑物、输水系统、主副厂房、开关站及出线平台为 1 级建筑物，下游消能防护建筑物、坝址区高边坡工程等为 3 级建筑物。

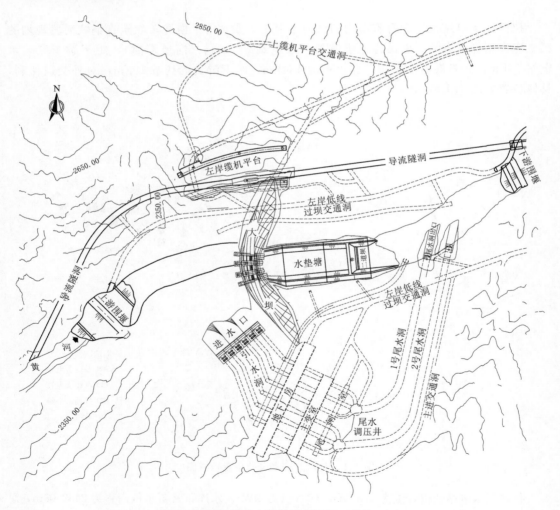

图 1.2　拉西瓦水电站枢纽布置图（单位：m）

工程场址地震基本烈度为Ⅶ度，主要建筑物按Ⅷ度设防。

大坝为混凝土对数螺旋线型双曲拱坝，坝顶高程为 2460.00m，河床建基高程为 2210.00m，最大坝高为 250m，坝顶弧长为 466.63m，拱冠断面最大宽度为 49m，厚高比为 0.196。根据坝身泄洪建筑物布置要求，拱坝设置 21 条横缝，分为 22 个坝段，中间 4 个坝段横缝间距为 23m，其他为 21m，横缝采用垂直平面分缝。坝顶主要由坝顶公路、上游防浪墙、下游栏杆等部分组成。在布置泄水表孔的 10～13 号坝段布置交通梁桥与两侧坝顶公路相连，交通梁桥上游侧布置表孔工作弧门启闭机房、启闭深孔事故门门机轨道梁及工作桥、检修桥等建筑物。大坝分别在 2405.00m、2350.00m、2295.00m、2250.00m、2220.00m 高程设置 5 层廊道，以作基础灌浆、排水、监测、检查、交通及运行期维修之用。各层廊道（除 2220.00m 高程层）均与两坝肩相应高程上的帷幕灌浆洞、排水洞相接，同时通过设置的骑缝横向廊道与相应高程下游坝后桥相通。坝内各层廊道均通过设于 9 号、14 号坝段的电梯和建设于电梯井内电梯旁的楼梯相互交通。拉西瓦水电站混凝土双曲拱坝上游立视图如图 1.3 所示。

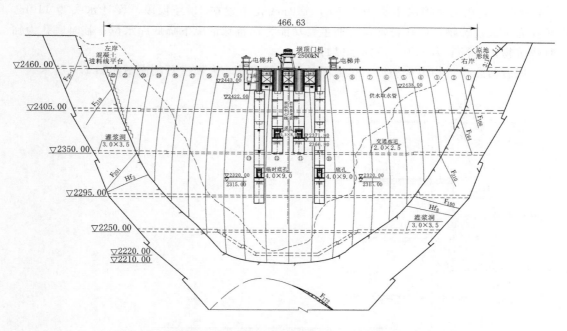

图 1.3　拉西瓦水电站混凝土双曲拱坝上游立视图（单位：m）

坝基设置两排主帷幕灌浆孔、两排副帷幕灌浆孔，主帷幕最大孔深为 100m。两岸按 45～55m 深度设置灌浆洞，洞内设两排帷幕孔。坝基固结灌浆采用有混凝土盖重和无混凝土盖重相结合的方法进行。固结灌浆入岩孔深为 20m，一期采用无混凝土盖重，先灌坝基 2m 以下范围；二期采用有混凝土盖重，对坝基剩余 2m 范围以引灌法进行灌浆。坝基设排水廊道，廊道内按封闭抽排水系统设计有排水孔。两岸设帷幕灌浆洞和排水洞，排水洞内设排水孔。

左坝肩抗力体地质缺陷主要有断层 Hf_3、Hf_7，右坝肩抗力体地质缺陷主要有断层

F_{164}、F_{166}。针对以上地质缺陷，进行了地下混凝土置换、高压固结灌浆处理。根据不同部位、不同高程、不同断层蚀变带的宽度及形状，置换洞断面采用多种尺寸。

坝身泄洪建筑物由 3 个表孔、2 个深孔、1 个底孔和 1 个临时底孔组成，分 3 层布置于坝身 10～13 号坝段，布置形式为：3 个表孔依次跨缝布置，表孔、深孔相间布置，深孔布置于表孔中墩下部，临时底孔、底孔布置于深孔的外侧坝段，即左、右表孔边墩下部。

开敞式溢流表孔是主要的泄洪消能建筑物之一，由进口段、平直段、WES 曲线段和反弧曲线段组成。单孔净宽 13m，堰顶高程为 2442.50m，设计水头为 9.5m。深孔为斜穿坝体的倾斜有压孔，左深孔布置在 12 号坝段，右深孔布置在 11 号坝段，均位于表孔中墩正下方。2 个深孔沿泄洪中心线径向对称，进口底板高程为 2371.80m，出口工作门底坎高程为 2362.00m，孔口尺寸为 5.5m×6m，设计水头为 90m。底孔、临时底孔在初期蓄水时兼有向下游供水的功能，提前发电期第 1、第 2 年参与施工度汛。底孔布置在 10 号坝段，进口底板高程为 2320.00m，出口工作门底坎高程为 2320.00m，孔口尺寸为 4m×6m，底孔最大挡水水头为 137m，临时底孔布置在 13 号坝段，设计水头为 110m。底孔为永久建筑物，底孔正常运行期主要功能为在特殊情况下降低库水位；临时底孔为临时建筑物，运行期为 2 年，后期予以封堵。

坝后消能建筑物由水垫塘、二道坝、护坦等组成。大坝拱冠剖面图如图 1.4 所示。

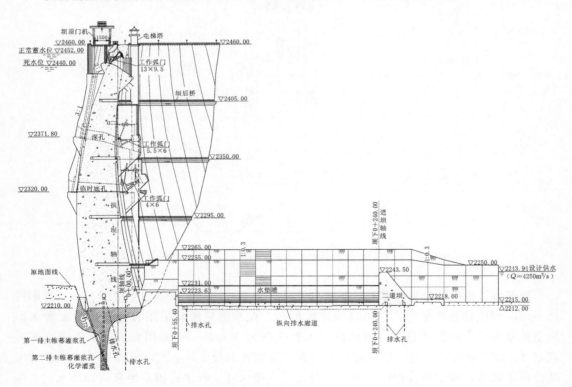

图 1.4　大坝拱冠剖面图（单位：m）

1.3　工程特点及难点

拉西瓦水电站大坝是建在狭窄河谷坝址的混凝土双曲拱坝，工程特点和建设难点如下：

（1）电站位于陡峻峡谷，工程规模巨大，在高拱坝设计、高水头大流量泄洪消能、坝基防渗、拱座稳定、坝基高地应力卸荷稳定、高地应力区大型地下洞室群稳定、超高压电器和巨型水力发电设备设计制造等方面存在重大技术难题。

（2）工程多项技术为国内或世界首创，如出线电压等级为750kV，金属管道母线落差达207m，国内首次采用大型反拱消力塘和导流洞闸门充压式水封。

（3）从施工准备到下闸蓄水、投产发电所用的时间短，施工工期紧，部分主体工程的施工需要采用科学手段合理安排，既要保证同期进行，又不能互相干扰。

（4）两岸高边坡裂隙及断层以陡倾角为主，风化程度随岸坡升高而加深，如左岸2400.00m高程以上风化深度达50～70m，加之坡度较陡，处理难度较大。

（5）引水发电系统主要为位于高地应力区的地下洞室结构，洞室体积较大（如主厂房长、宽、高尺寸分别为311.75m、30m、74.84m），各洞室纵横交错（最多达五洞合一），如何确保洞室围岩稳定显得尤为关键。

（6）坝址区局部岩石应力较大（最大可达到15～30MPa），易发生岩爆或片帮现象，预防及处理难度较大。

（7）低温高海拔的环境条件给坝址区施工和大坝混凝土温控带来考验。

（8）场内交通公路里程超过58km，其中交通洞总长为11km，施工期的道路维护、洞内照明和排烟工作量均较大。

1.4　工程建设

1.4.1　工程建设历程及关键节点

拉西瓦水电站梯级开发的提出首见于1954年黄河水利委员会编制的《黄河综合利用规划技术经济报告》，随后，1966年北京勘测设计研究院编制的《黄河龙（羊峡）—寺（沟峡）段开发方式研究报告》、1977年中国水利水电第四工程局设计院所编的《黄河干流龙—李段查勘报告》先后提出了梯级开发方式。1983年，西北院（现中国电建集团西北勘测设计研究院有限公司，以下简称"西北院"）编制的《黄河干流龙羊峡—青铜峡河段梯级开发规划报告》明确推荐拉西瓦高坝一级开发方案。1986年年底，西北院完成并上报了《黄河拉西瓦水电站工程可行性研究报告》，该报告于1987年11月通过审查。1988年年初，原水电部将《黄河拉西瓦水电站可行性研究报告审查意见》报送国家计委审批。

1999年，党中央国务院提出"西部大开发"的号召。为了实现电力资源的优化配置，走可持续发展的道路，《中华人民共和国国民经济和社会发展第十个五年计划纲要》提出建设"西电东送"北、中、南三条大通道。原国家电力公司于2000年着手开展北部"西电东送"的规划研究工作。北部通道的西北地区"西电东送"外部环境和开发条件基本成熟。在新形势下，西北院于 2000 年 6 月重新启动拉西瓦水电站工程的前期设计工作，根据新的条件，复核原可行性研究阶段的各项成果，按现行设计阶段划分规定编制可行性研究报告（等同原初步设计报告）。

2001 年 5 月，西北院根据新的电力负荷资料、拟定的设计水平年和电源组成等条件，编制完成了《黄河拉西瓦装机容量选择专题论证报告》。

2001 年 8 月至 2002 年 1 月，原国家电力公司西电东送规划调研课题组完成《西北电力开发及西电东送规划调研报告》，据此，西北院对电力平衡采用的电力负荷、西北电网向外区送电规模及送电方式等计算条件进行了修改，完成了《黄河拉西瓦水电站工程装机容量选择论证（修编）报告》。2002 年，原国家电力公司战略研究与规划部主持，委托水电水利规划设计总院在北京组织审查会，审定拉西瓦水电站装机容量为 4200MW。

2002 年 3 月，西北院编制完成《黄河拉西瓦水电站工程可行性研究报告（等同原初步设计报告）》；2002 年 4 月，该研究报告通过中国水电工程顾问集团公司的审查。

2000 年开始重新进行环境影响评价工作，2002 年 3 月编制完成了《黄河拉西瓦水电站工程环境影响报告书》和《黄河拉西瓦水电站工程水土保持方案报告书》。2002 年 9 月，国家环境保护总局和水利部分别对以上两个报告进行了批复，同意项目建设。

2003 年 6 月项目建议书编制完成，2004 年 5 月获得国家发展改革委批准，2005 年 3 月通过国家核准。

2006 年 4 月 15 日，大坝混凝土开工浇筑。2009 年 3 月 1 日，工程下闸蓄水。2009 年 4 月 15 日，首批 6 号、5 号机组并网发电。2015 年 10 月 26 日，库水位基本达到正常蓄水位，之后保持在正常蓄水位附近。2023 年 2 月，拉西瓦水电站通过了枢纽工程专项验收。

1.4.2　主要参建单位

拉西瓦水电站工程主要参建单位及其承担的工作见表 1.1。

表 1.1　　　　　　　拉西瓦水电站主要参建单位及其承担的工作

单位分类	单位名称	承担的工作
建设单位	黄河上游水电开发有限责任公司	项目开发、管理、运行
设计单位	西北院	承担工程勘测、设计工作
监理单位	中水东北勘测设计研究有限责任公司	承担大坝泄洪系统工程监理工作
	中国水利水电建设工程咨询北京有限公司	承担引水发电系统工程监理工作
施工单位	中国水利水电第三工程局有限公司	承担右岸坝肩、电站进水口及消能区开挖支护工程及引水发电系统进水口压力管道工程
	中国水利水电第四工程局有限公司	承担左岸坝肩、Ⅱ号变形体及左岸消能区开挖支护工程和上下游围堰及基坑开挖出渣工程
	中国水利水电第十一工程局有限公司	承担引水发电系统尾水部分土建及金属结构安装工程
	中国葛洲坝集团公司	承担厂房、主变开关室土建及埋件工程和坝后水垫塘工程
	中国水利水电第四工程局、第十一工程局联营体有限公司	承担混凝土双曲拱坝工程

第 2 章

大坝安全监测布置

2.1 拉西瓦水电站拱坝安全监测概况

2.1.1 变形监测控制网

2.1.1.1 水平位移监测控制网

拉西瓦水电站水平位移监测控制网的平面坐标系采用 1954 年北京坐标系。该工程水平位移监测控制网的突出特点是"二级布网，双层立体控制"。

拉西瓦水电站水平位移监测控制网由两部分组成：第一部分是校测网（6 个网点），第二部分是主网（13 个网点），校测网和主网网形与黄河、大坝相对位置分别如图 2.1、图 2.2 所示。主网在坝址区等复杂地段按照高程分布区间进行划分，双层布网；以距坝址区 3.5km 以外的 LS22、LS24 两点为校核基点。

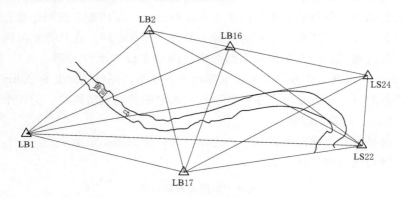

图 2.1　拉西瓦水电站校测网与黄河、大坝相对位置

拉西瓦水电站水平位移监测控制网共由 19 个网点组成，各网点布置在枢纽建筑物上下游，其中 LB1、LB2 所处位置较高，基础比较稳定，作为水平位移监测控制网起算点。

一等水平位移监测控制网主要测量技术要求和限差见表 2.1。

拉西瓦水电站工程水平位移监测控制网网形由多个大地四边形、中心多边形相互交织组成，最大高差为 459m，最大边长为 2591m，最短边长为 192m，平均边长为 842m，最弱点误差椭圆长半径为 ±2.0mm。

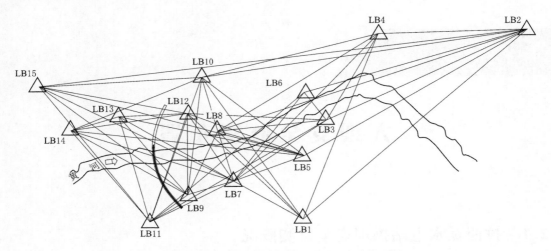

图 2.2　拉西瓦水电站主网网形与黄河、大坝相对位置

表 2.1　　　　　　　　　一等水平位移监测控制网主要测量技术要求和限差

测角中误差	边长相对中误差	方位角中误差	三角形最大闭合差
±0.7″	≤1/20 万	±0.9″	≤2.5″
方向中误差	测距中误差	最弱点点位中误差	起始边的边长相对中误差
0.5″	±2.5mm	±2.5mm	≤1/35 万

2.1.1.2　垂直位移监测控制网

拉西瓦水电站垂直位移监测控制网高程系统采用 1956 年黄海高程系统。

拉西瓦水电站垂直位移监测控制网采用多级布设：一等精密水准网是垂直位移监测控制网的主体部分，在一等精密水准网的基础上发展二等水准网，在二等水准网的基础上发展光电测距三角高程网。一等精密水准网沿黄河两岸布设成水准环网，共计 33 个点，其中水准网点 28 个，水准工作基点 2 个，水准基准点 3 个，路线长度共有 25km。水准工作基点位于大坝的两岸。水准基准点布置在拉西瓦水电站黄河大桥两岸，为 3 个互相校测的双金属管标：LE1、LE2、LE3。

拉西瓦水电站垂直位移监测控制网的主体部分线路如图 2.3 所示。

精密水准网精度控制指标见表 2.2。

表 2.2　　　　　　　　　　　　精密水准网精度控制指标

类别	等级	每千米测量的偶然中误差/mm	每千米测量的全中误差/mm
精密水准网	一等	≤±0.45	≤±1.0
	二等	≤±1.0	≤±2.0

2.1.2　变形监测

2.1.2.1　水平位移监测

拱坝水平位移监测包括坝顶水平位移监测、坝体水平位移监测和坝基水平位移监测。

水平位移监测有两种方式：垂线和大地测量法。

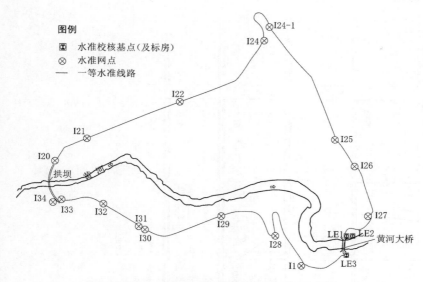

图 2.3　拉西瓦水电站高程控制网主体部分路线

1. 垂线

拉西瓦水电站拱坝共布置 7 组垂线，垂线布置图如图 2.4 所示。

7 组垂线布置于左、右岸拱端（22 号坝段、1 号坝段）以及 4 号、7 号、11 号、16 号、19 号坝段。拉西瓦水电站拱坝共设置 2220.00m、2250.00m、2295.00m、2350.00m、2405.00m 高程 5 层廊道，垂线测站设在各层廊道内的垂线室内。

各条垂线均采用正、倒垂线结合的方法，上部为正垂线，下部为倒垂线。正垂线最高挂点均在坝顶，在每层廊道设置测站；1 号、2 号、6 号、7 号倒垂线孔深为 40m，3 号、5 号倒垂线孔深为 80m。拱冠梁部位 4 号倒垂线共设置 3 条，锚固深度分别为 40m、60m 和 90m。拱坝共设置正垂线 29 条、倒垂线 9 条。

2. 大地测量法

在 2350.00m、2405.00m 高程坝后桥及 2460.00m 高程坝顶两岸对称布设表面变形测点，坝后桥每间隔一个坝段布置 1 个测点，坝顶每个坝段布置 1 个测点。2350.00m 高程共布置 6 个测点，2405.00m 高程共布置 8 个测点，坝顶共布置 22 个测点。测量时采用网点作为工作基点，采用前方交会法监测坝体平面变形，同时利用表面变形测点进行拱坝弦长监测。

2.1.2.2　垂直位移监测

拱坝垂直位移监测采用静力水准法和精密水准法。静力水准法监测易于实现自动化；精密水准法采用一等精密水准测量，坝顶水准工作基点纳入垂直位移监测控制网校测。

精密水准和静力水准共设置 4 条测线，其中 2250.00m、2295.00m 高程廊道同时布置静力水准测点和精密水准测点，两种监测方法的各个测点相邻布置，便于相互校核。2405.00m 高程廊道和坝顶 2460.00m 高程只布置精密水准点。

精密水准点和静力水准点布置方式为：每个坝段布置 1 个测点。两岸灌浆洞内间隔 30m 布置 1 个测点，并设置双金属管标作为工作基点，其中 2250.00m 高程廊道双管标与倒垂线结合，布置在 PL1 - 2250 和 PL7 - 2250 垂线室；2295.00m 和 2405.00m 高程廊道

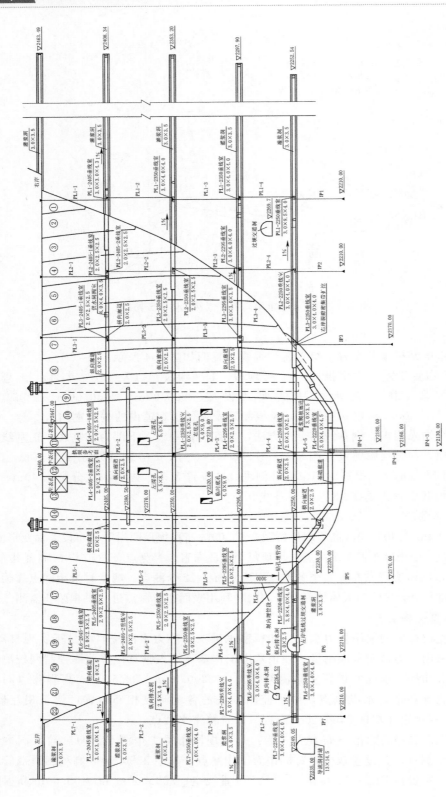

图 2.4　拉西瓦水电站垂线布置图（单位：m）

双管标布置在两岸灌浆洞端墙位置。

2250.00m 高程处共布设 33 个水准点，其中基岩水准点 19 个，坝体水准点 14 个。2295.00m 高程处共布设 29 个水准点，其中基岩水准点 16 个，坝体水准点 13 个。2405.00m 高程处共布设 28 个水准点，其中基岩水准点 8 个，坝体水准点 20 个。2460.00m 高程处共布设 33 个水准点，其中基岩水准点 11 个，坝体水准点 22 个。

2.1.2.3 坝体倾斜监测

坝体倾斜采用梁式倾斜仪、静力水准法及精密水准法监测。

1. 梁式倾斜仪

为了监测坝体倾斜变形，结合大坝变形监测系统，在坝体垂线室内布设梁式倾斜仪，共安装 5 台，埋设位置见表 2.3。

表 2.3 拉西瓦水电站坝体梁式倾斜仪埋设位置

编　号	位　　置	方　　向
CL3-3	3 号垂线 2295.00m 高程垂线室	径向
CL4-3	4 号垂线 2295.00m 高程垂线室	径向
CL4-4	4 号垂线 2250.00m 高程垂线室	径向
CL4-5	4 号垂线 2220.00m 高程垂线室	径向
CL5-3	5 号垂线 2295.00m 高程垂线室	径向

2. 静力水准法及精密水准法

为了验证和补充梁式倾斜仪的监测成果，在 2250.00m、2295.00m、2350.00m、2405.00m 高程各层横向廊道布设静力水准点，其中 2250.00m 高程廊道同时布设精密水准点，用于观测坝体的径向扭转变形。拉西瓦水电站坝体倾斜测线布设见表 2.4。

表 2.4 拉西瓦水电站坝体倾斜测线布设

高程/m	测线名称	测线所在部位
2250.00	LR28（上游）－LR29（下游），TC28（上游）－TC29（下游）	8 号与 9 号坝段骑缝廊道
	LR30（上游）－LR31（下游），TC30（上游）－TC31（下游）	11 号与 12 号坝段骑缝廊道
	LR32（上游）－LR33（下游），TC32（上游）－TC33（下游）	14 号与 15 号坝段骑缝廊道
2295.00	TC23（上游）－TC24（下游）	6 号与 7 号坝段骑缝廊道
	TC25（上游）－TC26（下游）	9 号坝段
	TC27（上游）－TC28（下游）	11 号与 12 号坝段骑缝廊道
	TC29（上游）－TC30（下游）	14 号坝段
	TC31（上游）－TC32（下游）	16 号与 17 号坝段骑缝廊道
2350.00	TC1（上游）－TC2（下游）	4 号坝段
	TC3（上游）－TC4（下游）	7 号坝段
	TC5（上游）－TC6（下游）	9 号坝段
	TC7（上游）－TC8（下游）	11 号与 12 号坝段骑缝廊道
	TC10（上游）－TC9（下游）	14 号坝段

续表

高程/m	测线名称	测线所在部位
2350.00	TC12（上游）－TC11（下游）	16 号与 17 号坝段骑缝廊道
	TC14（上游）－TC13（下游）	19 号坝段
2405.00	TC1（上游）－TC2（下游）	2 号与 3 号坝段骑缝廊道
	TC3（上游）－TC4（下游）	7 号坝段
	TC5（上游）－TC6（下游）	9 号坝段
	TC7（上游）－TC8（下游）	11 号与 12 号坝段骑缝廊道
	TC9（上游）－TC10（下游）	14 号坝段
	TC11（上游）－TC12（下游）	16 号与 17 号坝段骑缝廊道
	TC13（上游）－TC14（下游）	20 号与 21 号坝段骑缝廊道

2.1.2.4　坝基变形监测

坝基变形采用岩石变位计进行监测。在 11 号和 12 号坝段坝踵、坝趾部位共埋设 4 组岩石变位计，每组包含 3 支不同深度的岩石变位计，深度分别为 10m、25m、40m，埋设位置见表 2.5。

表 2.5　　　　　　　　　　坝基岩石变位计埋设位置

名　称	埋设位置	名　称	埋设位置
MD1－11	11 号坝段坝踵位置 40m 深	MD1－12	12 号坝段坝踵位置 40m 深
MD2－11	11 号坝段坝踵位置 25m 深	MD2－12	12 号坝段坝踵位置 25m 深
MD3－11	11 号坝段坝踵位置 10m 深	MD3－12	12 号坝段坝踵位置 10m 深
MD4－11	11 号坝段坝趾位置 40m 深	MD4－12	12 号坝段坝趾位置 40m 深
MD5－11	11 号坝段坝趾位置 25m 深	MD5－12	12 号坝段坝趾位置 25m 深
MD6－11	11 号坝段坝趾位置 10m 深	MD6－12	12 号坝段坝趾位置 10m 深

2.1.2.5　接缝变形

拉西瓦水电站拱坝设置了 21 条横缝，基本上垂直于坝轴线布置，其主要作用是防止混凝土裂缝和减小施工强度，保证施工质量。横缝缝面一般只传递压、剪应力，横缝缝面设置键槽，以加强相邻坝段间的抗剪力。横缝接缝灌浆后使拱形成整体。

横缝测缝计主要用来监测垂直于缝面方向缝展度的发展变化过程，可以为接缝灌浆时机选择、评价接缝灌浆施工质量、了解坝体整体性、了解坝体运行状态等提供信息。横缝测缝计布置在坝段间横缝缝面上，垂直于缝面埋设，一般每个灌区埋设 1 支，布置在坝体中部；典型监测缝面每个灌区埋设 2 支，布置于上、下游部位。拉西瓦拱坝一共布设 614 支测缝计。

2.1.3　渗流监测

2.1.3.1　坝基扬压力监测

1. 测压管

为了监测坝基扬压力，检验帷幕防渗效果，在拱坝基础廊道布置测压管。

　　2250.00m 高程以下测压管主要布设在 2220.00m 高程基础爬坡廊道，每个坝段（8～15 号坝段）布设 2 孔测压管，分别布置在灌浆和排水廊道。为了解建基面渗透压力情况，在两岸灌浆和排水洞每隔一定距离布置 1 孔测压管。2250.00m 高程以上测压管主要布设在 2295.00m、2350.00m、2405.00m 高程的边坡坝段。每个坝段的灌浆洞、排水洞各布置 1 孔。测压管孔底深入基岩 1m，拱坝基础测压管共布置 54 孔。拉西瓦水电站拱坝基础 2250.00m 高程以下渗流监测布置图如图 2.5 所示。

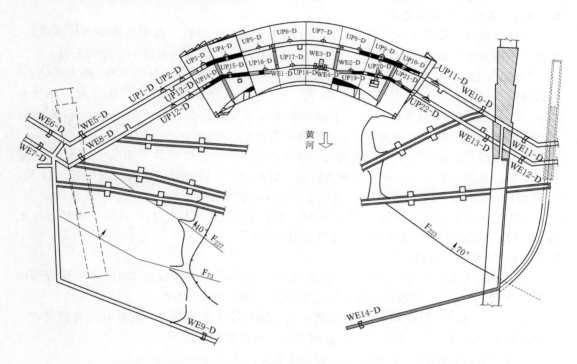

图 2.5　拉西瓦水电站拱坝基础 2250.00m 高程以下渗流监测布置图

2. 渗压计

　　为配合测压管监测建基面的渗透压力，在相应的坝段埋设渗压计。坝基渗透压力采用钻孔渗压计进行监测，主要布置在 2405.00m 高程以下拱坝坝基。一般垂线坝段（4 号、7 号、16 号、19 号坝段）和河床坝段（10 号、11 号、12 号、13 号坝段）在每个坝段坝基上游、中部、下游分别布置 1 支，其他坝段在每个坝段坝基的中间部位布置 1 支，共布置渗压计 39 支。

2.1.3.2　渗漏量监测

　　渗漏量根据排水情况，利用量水堰分层进行监测。2220.00m 高程基础爬坡廊道内，量水堰根据水流情况共布置 4 座，左、右岸各 1 座，集水井前 2 座。2250.00m、2295.00m、2350.00m、2405.00m 高程廊道根据水流汇集情况，每层廊道左、右岸分别布置 5 座量水堰，其中两岸灌浆洞和排水洞分别布置 2 座，纵向排水洞出口前布置 1 座。2460.00m 高程在左、右岸灌浆洞洞口分别设置 1 座量水堰。大坝共设置量水堰 46 座。

2.1.3.3　绕坝渗流监测

为了掌握坝址区地下水位分布，了解库水位对地下水位的影响，评价帷幕效果，了解是否存在绕坝渗流情况，在坝址区两岸设置地下水位长期观测孔，共设置 30 孔，其中左岸 10 孔，右岸 20 孔。左岸形成"三纵三横"的观测断面，右岸形成"四纵四横"的观测断面。

2.1.4　应力应变及温度监测

2.1.4.1　坝体应力应变监测

坝体应力应变监测主要采用五向应变计组和无应力计进行。根据坝体应力计算成果，选择"六拱五梁"布置应变计组。应变计组应力监测主平面分别为拱平面和梁平面。

"六拱"指 2240.00m、2280.00m、2320.00m、2360.00m、2400.00m 和 2430.00m 高程拱圈；"五梁"指 4 号、7 号、11 号、16 号、19 号坝段。在"六拱五梁"相交处 2400.00m 高程以下坝体的上、中、下游各布置 1 组五向应变计组；在 2400.00m 高程以上部位各坝段的上、下游分别布置 1 组五向应变计组。

为监测拱坝基础部位应力应变情况，在 2405.00m 高程以下各个坝段（11 号、12 号坝段除外）基础部位的上、中、下游各埋设 1 组七（五）向应变计组及无应力计。11 号、12 号坝段在坝踵、坝基中部及坝趾各布置 1 组五向应变计组。

坝体共布置七向应变计组 42 组，五向应变计组 56 组，无应力计 98 套。拉西瓦水电站 11 号坝段应变计组及无应力计布置图如图 2.6 所示。

2.1.4.2　坝基应力监测

为了监测建基面上的总压应力，在拱坝 2320.00m、2280.00m、2240.00m 高程两岸坝基以及 11 号、12 号坝段的坝踵、坝趾部位各布置 1 支压应力计。

在 11 号、12 号坝段坝踵、坝址基岩面上分别布置 1 支钢筋计。钢筋计垂直埋设，一半在混凝土中，另一半在基岩中，以监测坝基竖向钢筋应力。

拱坝坝基共布置压应力计 10 支、钢筋计 4 支。

2.1.4.3　坝体温度监测

拱坝坝体温度监测采用铜电阻温度计进行。选择 4 号、7 号、11 号、16 号、19 号坝段作为坝体温度监测典型断面，立面上每隔 20m 布置一层温度计。拉西瓦水电站 11 号坝段坝体温度计布置图如图 2.7 所示。由于差阻式仪器可以测量温度，因此坝内埋设的差阻式仪器，如测缝计、应变计、无应力计等可作为坝体温度监测的组成部分。同时，为了测量施工期坝体温度并为接缝灌浆服务，在每个灌区不同高程埋设 1 支温度计。

为了监测坝体混凝土导温系数，在 4 号、19 号坝段 2400.00m 高程上、下游坝面布置温度计组，每组含 5 支温度计，距坝面分别为 0m、0.1m、0.2m、0.4m、0.6m。此外，在 11 号坝段 2270.00m 高程下游坝面也设置 1 组温度计组。

2.1.4.4　坝基温度监测

坝基岩石温度监测采用温度计组进行，共布置 6 组，其中 11 号坝段建基面上游、中部各布置 1 组，6 号、17 号、2 号、21 号坝段建基面中部各布置 1 组。每组温度计组含 5 支温度计，埋设位置距离基岩面分别为 0.15m、1.0m、3.0m、7.0m、15.0m。拉西瓦水电站基岩温度计组埋设位置见表 2.6。

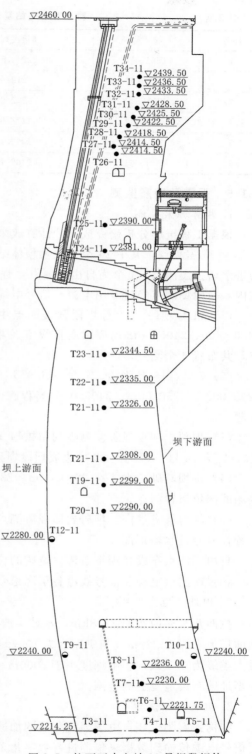

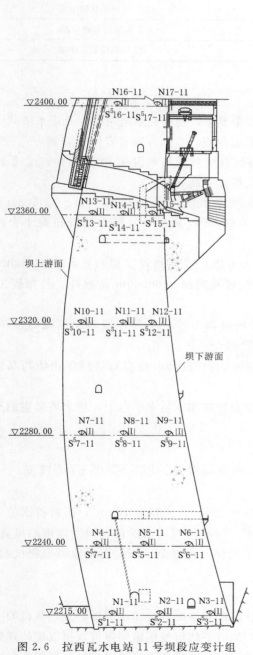

图 2.6　拉西瓦水电站 11 号坝段应变计组
及无应力计布置图

图 2.7　拉西瓦水电站 11 号坝段坝体
温度计布置图

表 2.6　　　　　　　　　　　　拉西瓦水电站基岩温度计组埋设位置

序号	编　号	埋设高程/m	埋设部位
1	T501－11	2212.50	11 号坝段基础上游
2	T502－11	2212.50	11 号坝段基础中部
3	T501－6	2272.00	6 号坝段基础中部
4	T501－17	2278.00	17 号坝段基础中部
5	T501－2	2399.10	2 号坝段基础中部
6	T501－21	2407.70	21 号坝段基础中部

2.1.5　强震及地震监测

1. 坝体强震监测

根据工程抗震分析研究成果、计算成果和规范要求，拉西瓦水电站拱坝及进水塔共设计 27 个强震测点，其中 24 个为拱坝坝体结构强震测点，1 个为坝肩岩体强震测点，1 个为进水塔强震测点，1 个为自由场测点。强震监测系统观测站布设在 PL4－2405－2 垂线室内。自由场测点经过专用电源及信号电缆接入坝体主观测站。

（1）11 号坝段。11 号坝段强震测点主要布设在 2220.00m、2250.00m、2295.00m、2350.00m、2405.00m 高程廊道垂线室及坝顶 2460.00m 高程处，每个高程布置 1 个测点，共布置 6 个测点。

（2）7 号、16 号坝段。7 号、16 号坝段（1/4 拱）强震测点主要布置在 2250.00m、2295.00m、2350.00m、2405.00m 高程廊道垂线室及坝顶 2460.00m 高程处，共布置 10 个测点。

（3）坝顶。坝顶强震监测除利用拱冠 11 号坝段和 7 号、16 号坝段坝顶强震测点外，还在 1 号、4 号、19 号、22 号边坡坝段坝顶布置测点。

（4）拱坝基础。主要在 2250.00m、2350.00m、2405.00m 高程廊道拱坝坝体与基础接触的部位布置测点。

（5）坝肩及进水塔。坝肩岩体强震测点主要布置在坝顶左岸平台上，进水塔强震测点布置在 6 号进水塔顶部。

自由场测点布设在坝下游垭口宽阔的位置。

各强震测点电源及信号线沿各层廊道牵引，经穿线管引至 PL4－2405－2 垂线室。

2. 坝址区地震监测

拉西瓦水库回水长 32.8km，水域一般宽 250～500m，面积为 13km²，正常蓄水位下坝前最大水深为 220m，相应库容为 10.79 亿 m³。研究表明，水库存在诱发地震的可能，最大震级为 3.5 级，震中深度小于 3000m。为了确保工程安全，研究诱发地震形成机制，在坝址区布设地震遥测台网。

3. 数据传输流程

结构强震测点和自由场强震测点的加速度计监测到地面震动加速度后，经过敷设的专用信号电缆传输到数据采集器进行数字化采集，把数字化信号传输到强震数据汇集处理观测站，服务器和记录器的网络接口与网络交换机连接。网络交换机通过光纤收发器和光缆与电站副厂房的网络连接。

拉西瓦地震台网中心的服务器与强震数据汇集处理观测站之间的信号交换是通过因特网 VPN（虚拟专用网）实现的，进而实现拉西瓦地震台网中心对强震观测系统的实时管理与监测。

2.1.6　安全监测自动化系统

拉西瓦水电站安全监测自动化系统由南瑞集团有限公司和北京木联能工程科技有限公司共同实施，数据库的集成由木联能工程科技有限公司实施，后期由南瑞集团有限公司实施了数据库备份集成系统。

工程安全监测自动化系统采用总线型分布式网络结构，网络分 2 层设置，子系统按照工程部位分区设置，分为大坝及基础（含左岸边坡）监测子系统、进水口边坡（含部分右岸边坡）监测子系统、反拱水垫塘（含二道坝）监测子系统、引水发电监测子系统。

主网络连接各子系统，并接入监测管理中心站。子系统的主要作用是控制数据采集前端单元（MCU）并对监测传感器进行数据采集、存储、电源管理、监测数据上传以及接收监测中心的指令。监测管理站设于副厂房中控室，通过安全监测信息采集管理系统对子网络进行管理和控制。监测管理中心站设于生活营区，通过专用光纤与监测管理站进行通信和数据传输，其主要作用是对纳入自动化系统的监测项目及人工测读的数据进行集中统一管理，对监测资料进行整理整编和发布工作。

监测管理中心站具有标准接口和网络分级访问功能，可与拉西瓦水电站生活区办公楼系统管理终端相连接，实现日常的系统运行管理和维护等功能，还可与黄河上游流域的安全监测中心进行连接。

1. 子系统构成

（1）为方便系统管理、网线布设、维修保护等工作，整个拉西瓦水电站安全监测系统按照建筑物布局划分。

1）大坝及基础（含左岸边坡）监测子系统。该子系统覆盖主坝坝体、坝基、泄洪建筑物、两岸灌浆廊道、左岸边坡、右岸坝顶以上高边坡、右岸缆机锚固端边坡、消能区两岸边坡等，设立监测站 65 个。

2）进水口边坡（含部分右岸边坡）监测子系统。该子系统覆盖进水口边坡，设立监测站 13 个。

3）反拱水垫塘（含二道坝）监测子系统。该子系统覆盖反拱水垫塘、二道坝等，设立监测站 9 个。

4）引水发电监测子系统。该子系统覆盖引水管、尾水洞（含出口边坡）、主厂房、主变室、母线洞、尾闸室、调压井、出线竖井等，设立监测站 34 个。

（2）各监控子系统有各自的监测硬件、软件和通信网络，分区域管理，各自独立，相互之间组成局域网通信，并可和上一级监测管理站的主机进行通信，实现系统集成安全监测自动化。系统整体分为三个层次。

1）一般监测测站。现场传感器通过信号电缆将模拟信号传送至现场采集单元模块，采集单元模块安装在数据采集机箱内，构成数据采集前端单元（MCU）。1 个或多个数据采集前端单元（MCU）集中放置在标准工业保护机柜内，构成 1 个一般监测测站。

2）子系统监测管理站。一个子系统下面布设较多的一般监测测站，为便于管理，指定其中某一个监测测站为该子系统的监测管理站。一般监测测站与子系统监测管理站之间用 RS-485 进行连接，并在子系统监测管理站布设防雷装置、电源系统（配电柜、净化电源、不间断电源）、工控机（含操作软件）等用于该子系统的操作与管理。子系统监测管理站通常布置在垂线室或建造专用的观测房。

3）监测管理中心站。各个子系统的监测管理站通过局域网相连，构成自动化系统的主网络。为了便于各个子系统的管理和整个安全监测自动化系统的操作及数据处理，在环境较好的地方设立监测管理中心站，用于整个系统的管理、操作、数据处理。

2. 网络结构

安全监测自动化系统采用总线型分布式 RS-485 网络，网络连接采用光缆，局部测站内采用双绞线；主网络采用全数字光缆连接总线式局域网，网络协议采用 TCP/IP 协议。

3. 电源供电方式

（1）监测管理中心站。监测管理中心站配置 1 套交流不间断电源（UPS），容量为 3kVA，蓄电池按维持设备正常工作 3 天设置。输入 220V 交流电，回路引自监测管理中心站的配电设备，输出 220V 交流电为站内设备供电。

（2）子系统监测管理站。子系统监测管理站配置一套交流不间断电源（UPS），容量为 3kVA，蓄电池按维持设备正常工作 60min 设置。输入 220V 交流电，回路引自监测管理站的配电设备，多路输出 220V 交流电。监测管理站供电设备除为站内设备供电外，还用于较近测站的交流供电回路。

4. 防雷和接地方式

监测管理中心站、子系统监测管理站直接利用工程的接地设施；机房内设备的工作地、保护地采用联合接地方式与电站接地网可靠连接；大坝及地下洞室监测站的引入电缆采用屏蔽电缆，屏蔽层可靠、接地；边坡等户外监测站设置接地装置，装置的接地电阻小于 10Ω，监测管理中心站接地电阻小于 4Ω。

安全监测自动化系统要求对所有暴露在野外的信号电缆、电源电缆、通信电缆等采用钢管保护，在数据采集单元供电系统、传感器等部位加装避雷器并接地，在边坡等没有接地网的部位制作接地网，保证安全监测自动化系统在雷击和电源波动的情况下能够正常工作。

5. 数据采集系统及安全监测信息管理系统

数据采集系统主要包含数据采集、存储、粗差检验、网络管理与控制、安全防护等功能。安全监测信息管理系统可对监测资料进行成果计算、报表图形输出，与流域管理系统实现资源共享。

6. 系统安全性和数据流要求

为保护数据库以及数据网络传输安全，防止非法入侵和使用，从软件、网络和数据流方面对数据的存取控制、修改和传输技术手段进行安全性防护。

应用软件的安全主要依赖于硬件系统、操作系统、数据库以及网络通信系统的安全机制。软件设计采用面向对象的方法，使数据和相关的操作局限在一个对象中，简化实现的复杂性。为保证采集计算机、数据服务器计算机安全可靠运行，C/S 应用要有关于运行环境的安全设计，既能保证应用顺利运行，也能降低计算机遭病毒和黑客攻击的风险。B/S 应用要求可在不降低浏览器安全级别的情况下顺畅地浏览系统相关信息。

当局域网和广域网连接时，网络安全是网络建设的首要问题，采用系统控制权限、网络控制权限、网络端口访问限制等实现物理安全管理与网络安全管理。

系统数据流严格遵循下位机写入上位机的原理；指令流严格遵循上位机控制下位机的原理。在软件方面，系统各工作界面设置访问操作权限，设置完善的登录日志；在硬件方面，广域网和局域网之间配置安全防护和隔离设备。

7. 数据采集系统功能

数据采集系统功能主要包括以下几种：

（1）监测功能。系统具备多种采集方式和测量控制方式：①数据采集方式，包括选点测量、巡回测量、定时测量，并可在数据采集前端单元人工测读；②测量控制方式，包括应答式和自报式两种，采集各类传感器数据并能对每支传感器设置警戒值，系统能够自动报警。

应答式测量控制方式是由采集机或联网计算机发出命令，数据采集前端单元接收命令、完成规定测量，测量完毕将数据暂存，并根据命令要求将测量的数据传输至计算机中。自报式测量控制方式是由各台数据采集前端单元自动按设定的时间和方式进行时间采集，并将所测数据暂存，同时传送至计算机。

（2）显示功能。系统能够显示监测布置图、过程曲线、监测数据分布图、报警状态显示窗口等。

（3）存储功能。系统具备数据自动存储和数据自动备份功能。在外部电源突然中断时，保证内存数据和参数不丢失。

（4）操作功能。监测管理中心站计算机可实现监视操作、输入/输出、显示打印、报告现有测值状态、调用历史数据、评估系统运行状态。

（5）通信功能。系统具备数据通信功能，包括数据采集前端单元与监测管理站的计算机或监测管理中心站计算机之间的双向数据通信，以及监测管理站和监测管理中心站内部及其同系统外部的网络计算机之间的双向数据通信。

（6）安全防护功能。系统具有网络安全防护功能，确保网络安全运行。

（7）自检功能。系统具有自检能力，可对现场设备进行自动检查，能在计算机上显示系统运行状态和故障信息，以便及时进行维护。

（8）系统具有较强的环境适应性，耐恶劣环境，具备防雷、防潮、防锈蚀、抗震、抗电磁干扰等性能，能够在潮湿、高雷击、强电磁干扰条件下长期连续稳定正常运行。

（9）系统具有与便携式监测仪表或便携式计算机通信的接口，能够使用便携式监测仪表或便携式计算机采集监测数据，进行人工补测、比测，防止资料中断。

8. 系统工作方式

（1）中央控制方式。由监测管理中心站计算机命令所有数据采集前端单元同时进行巡测或指定单台、单点进行选测，测量完毕将数据列表显示并根据需要存入采集数据库。

（2）自动控制方式。各台数据采集前端单元自动按设定时间进行巡测、存储，并将所测数据送至监测管理中心站计算机备份保存。

（3）远程控制方式。经过许可协议授权的远程计算机，通过网络对监测管理中心站进行全过程操作或对现场监测管理进行连接控制、检测和管理。

（4）人工测量方式。安全监测接入自动化系统的每支传感器可进行人工测量。

2.2　国内特高拱坝安全监测布置案例

2.2.1　变形监测控制网

2.2.1.1　水平位移监测控制网

锦屏一级水电站水平位移监测控制网[1-2]由 10 个点组成，包括 4 个校核基点（编号为 TM1～TM4）和 6 个监测基准点（编号为 TN1～TN6，其中坝上游 2 个，坝下游 8个），基准点 TN1～TN4 各布设 1 条倒垂线，用于基准点稳定性监测。校核基点 TM1～TM4 远离坝体，受坝区施工干扰较小，地质条件相对较好。

小湾水电站水平位移监测控制网[3]由基准点组和工作基点组两部分组成，基准点组编号为 A1～A6，共 6 个；工作基点组编号为 C1～C10 和 G1～G2，共 12 个。8 个工作基点构成 4 条谷幅测线，监测拱坝下游附近坝区岩体的水平位移；C3～C4 构成 1 条谷幅测量线，监测拱坝上游近坝区岩体的水平位移；G1～G2 作为坝顶 GPS 监测的参考站，通过与小湾 GPS 网的联测获得高精度的地心坐标和相应的转换参数。水平位移监测控制网共有 18 个网点。

乌东德水电站水平位移监测控制网[5-6]分 2 层布设：第 1 层网为水平位移检校网，检校第 2 层网（水平位移监测工作基点网）起算点的稳定性，同时为自然边坡表面位移测点提供工作基点；第 2 层网为水平位移监测工作基点网，为工程高边坡等部位表面位移提供工作基点。检校网由 10 个点组成（其中 5 个点与工作基点网共用），其中包含 2 条倒垂线；工作基点网由 17 个点组成（其中 5 个点与检校网共用）。水平位移检校网和工作基点网平差以经过倒垂观测改算后网点 TN1W、TN19W 的坐标为起算数据，工作基点网为枢纽工程水平位移监测传递基准。TN1W 倒垂孔孔深为 101m，TN19W 倒垂孔孔深为 57.4m。

2.2.1.2　垂直位移监测控制网

锦屏一级水电站垂直位移监测控制网由 31 个点（组）组成，分为过渡点、监测点、工作基点（LS1～LS4）、基准点（LE1，双金属标）和校核基点（LE2，双金属标）。垂直位移监测控制网分高、低 2 层，水准路线沿上坝和进厂公路隧洞布设，路线总长约为 26.6km。

小湾水电站垂直位移监测控制网由 27 个点组成。全网包含 3 个位于拱坝下游约2.5km 的基准点（BM1～BM3）、2 座双金属标（BG1、BG2）、8 个拱坝灌浆廊道内的水准工作基点（LS1～LS8）、6 个水准点（BC1～BC6）、8 个原施工测量高程控制网点。最终选定 36 条水准测段。全网闭合环数目为 6 个。

乌东德水电站垂直位移监测控制网由 2 座深埋双金属标基准点、27 个岩石标工作基点和长约 80km 的水准路线组成。为便于水平位移监测控制网的边长改平计算，将部分网点观测墩高程连测并入垂直位移监测控制网组成水准路线，联测水准困难的部分控制网点，以测距三角高程导线测量代替二等水准测量进行观测。

大岗山水电站[7] 全网共有 18 个网点，包括 2 个距坝轴线约 2km 的基准点、4 个工作基点（LS1～LS4）、坝下游 12 个水准点（LN1、LN3～LN6、LN8～LN14）。2 个基准点和 2 个工作基点采用深埋双金属管标，其余采用岩石标或基岩标。

2.2.2 变形监测

2.2.2.1 坝体水平位移监测

各特高拱坝坝体及坝基水平位移监测均采用垂线进行。

1. 锦屏一级水电站

锦屏一级水电站大坝共布置 10 组垂线[8-14]，其中坝体布置 7 组，左、右岸坝基各布置 1 组，左岸垫座布置 1 组。倒垂线入基岩的深度按坝体高度的 1/3 左右考虑。

锦屏一级水电站大坝坝顶和坝后桥布置表面变形测点和 GNSS（全球导航卫星系统）测点进行坝体变形及弦长监测。坝顶表面变形测点、GNSS 测点与垂线对应布置，坝顶布置 8 个 GNSS 测点。坝体下游表面布置 29 个表面变形测点，其中 10 个表面变形测点形成 5 条弦长测线。

2. 小湾水电站

小湾水电站大坝共布置 9 组垂线[15-20]。正垂线预埋采用 ϕ600mm 的钢管，埋设后单段有效管径不小于 400mm。在 4 号、9 号、15 号、19 号、22 号、25 号、29 号、35 号、41 号共 9 个坝段的各层廊道分段设置正垂线组，其中 4 号、9 号、35 号和 41 号坝段中低高程的正垂线组穿过两岸帷幕灌浆洞。正垂线分别在基础廊道、两岸帷幕灌浆洞和倒垂线衔接。

小湾水电站坝顶 2 号、4 号、6 号、9 号、12 号、15 号、19 号、22 号、25 号、29号、32 号、35 号、38 号、41 号、43 号坝段分别布设表面变形测点和 GNSS 测点监测水平位移，共布置 15 组 GNSS 测点，其中 9 组测点与正垂线位于同一个坝段，6 组测点分布在岸坝肩、1/4 拱附近。坝下游表面变形测点共有 61 个，分布在坝后桥 1190.00m、1100.00m 和 1020.00m 高程。此外，小湾水电站大坝在 1190.00m 高程检查廊道 9～35号坝段布置 1 条共 27 段的激光三维测量系统，配合正、倒垂线的基点引入装置，监测每个坝段的三维变形。

3. 溪洛渡水电站

溪洛渡水电站大坝共布置 7 组垂线[21-27]。在 5 号、10 号、15 号、22 号、27 号坝段布置正、倒垂线监测坝体和坝基水平位移，其中 15 号坝段采用倒垂线组（2 条），一条锚固深度为另一条的 1/2，用于监测坝基挠度。

溪洛渡水电站大坝布置表面变形测点监测水平位移。在坝顶 1 号、5 号、10 号、15号、22 号、27 号、31 号坝段分别布置 1 个表面变形测点，共计 7 个测点。563.00m、527.00m 高程坝后桥 5 号、10 号、15 号、22 号、27 号坝段和 470.00m、435.00m 高程坝后桥 10 号、15 号、22 号坝段各布置 1 个表面变形测点，共计 16 个测点。

4. 乌东德水电站

乌东德水电站坝体和两岸抗力体共布置 5 组垂线[28-31]。在拱冠 8 号坝段、1/4 拱圈处的 4 号坝段、12 号坝段以及两岸坝肩抗力体分别布置正、倒垂线组。为了解坝基不同深度的变形，在拱冠 8 号坝段基础灌浆廊道布设 2 条倒垂线（深度分别为 53m、100m），在 4 号坝段 780.00m 高程交通廊道内布设 1 条倒垂线，在 12 号坝段 820.00m 高程交通廊道和 733.00m 高程灌浆平洞内各布设 1 条倒垂线，两岸拱肩抗力体各布置 1 条倒垂线，共布设 5 组共 7 条倒垂线。共计布设 5 组正垂线（共 23 段），23 个测点。针对正垂线孔，坝体采用预埋钢筋混凝土管的方法施工，基岩段采用钻孔埋设保护钢管的方法施工。

乌东德水电站大坝布置表面变形测点和移动 GPS 测站监测水平位移。水平位移工作基点采用水平位移网点，也可采用移动 GPS 测站。在 1 号、2 号、4 号、8 号、12 号、14 号、15 号坝段坝顶各布设 1 个表面变形测点，共 7 个测点，结合大坝垂线系统了解大坝坝顶水平位移。

5. 二滩水电站

二滩水电站大坝共布置 5 组垂线[32-37]，包括 8 条倒垂线和 10 条正垂线，共 20 个测点。8 条倒垂线分别布置于 4 号、11 号、19 号、21 号（2 条）、23 号、33 号和 37 号坝段，10 条正垂线分别布置于 4 号、11 号（2 条）、21 号（4 条）、33 号（2 条）和 37 号坝段。

二滩水电站大坝布置表面变形测点监测水平位移。坝顶布置 5 个测点，下游坝面 1139.00m、1091.00m 高程各布置 3 个测点。

6. 大岗山水电站

大岗山水电站大坝共布置 7 组垂线，包括 23 条正垂线、8 条倒垂线。7 组正垂线分别布置在拱冠 14 号坝段及 6 号、10 号、19 号和 24 号坝段 5 个坝段与两岸坝肩灌浆洞。相应坝段的坝基布置 8 条倒垂线，其中 14 号拱冠坝段布置 2 组倒垂线。

大岗山水电站大坝布置表面变形测点监测水平位移。在坝顶 1 号、6 号、10 号、14 号、19 号、24 号、29 号坝段各布置 1 个表面变形测点，共 7 个测点。坝后 1081.00m 高程 3 号、6 号、10 号、19 号、24 号、27 号坝段各布置 1 个表面变形测点，1030.00m 高程 6 号、10 号、14 号、19 号、24 号坝段各布置 1 个表面变形测点，979.00m 高程 6 号、14 号、19 号坝段各布置 1 个外部变形测点，共 15 个测点，其中坝后 6 个测点形成 3 条弦长测线。

2.2.2.2　坝体垂直位移监测

1. 锦屏一级水电站

锦屏一级水电站大坝垂直位移监测[8-14] 采用静力水准法和精密水准法。大坝 5 个高程廊道及两岸帷幕灌浆洞布置 20 个垂直位移工作基点和 258 个水准点，组成精密水准监测系统。大坝 1601.00m 高程、1829.00m 高程廊道及各高程监测支廊道内另设置 96 台静力水准点，形成静力水准系统。垂直位移监测成果采用双金属管标系统校测，双金属管标在 9 号坝段 1885.00m 高程廊道至 1670.00m 高程廊道共布置 4 套、12 号坝段 1670.00m 高程廊道至 1601.00m 高程基础廊道各布置 1 套。利用坝基 5 个倒垂孔，增设双金属标设施，形成双标倒垂系统。

2. 小湾水电站

小湾水电站大坝垂直位移监测采用静力水准法和精密水准法[15-20]。

（1）除坝顶 12 号、22 号和 32 号坝段外，每个坝段布置 1 个水准点，在 12 号、22 号和 32 号坝段沿上下游方向各布置 2 个水准点，共 47 个水准点。在 1190.00m、1100.00m 高程廊道每个坝段布置 1 个水准点，分别有 40 个、26 个水准点；在基础廊道共布置 30 个水准点。大坝内共布置 143 个水准点。

（2）在 22 号坝段 1010.00m、1100.00m 和 1245.00m 高程廊道布置 3 条顺河向静力水准测线，监测拱冠坝段垂直位移和顺河向倾斜。在 1100.00m 高程廊道和坝顶各布置 4 条横河向静力水准测线，两端深入两岸灌浆洞，监测坝体垂直位移和横河向倾斜；在该高程静力水准线两端分别布置 1 套双金属标，作为垂直位移校核基点。

3. 溪洛渡水电站

溪洛渡水电站大坝垂直位移监测采用精密水准法[21-27]。在坝体 347.25～610.00m 高程设置 6 个监测高程，共布置水准点 239 个、水准工作基点 12 个，进行坝体垂直位移监测。

4. 乌东德水电站

乌东德水电站大坝垂直位移监测采用精密水准法和静力水准法[28-31]。

（1）精密水准法。分别在坝顶、坝体中部 945.00m 高程廊道、850.00m 高程廊道、基础廊道共布置 4 条水准测线，每个坝段布置 1 个测点，水准测线延伸至两岸山体灌浆洞。4 条水准测线分别布置水准点 70 个、40 个、78 个、8 个，水准工作基点布设于该高程两岸基础灌浆洞，按一等水准测量要求观测。

（2）静力水准法。为便于自动化观测，在坝体 945.00m 高程、850.00m 高程廊道以及 733.00m 高程基础灌浆廊道各布设 1 条静力水准测线，静力水准测线分别延伸到两岸灌浆洞，左岸延伸到泄洪洞端部，右岸延伸到导流洞端部。受灌浆洞布置限制，洞内静力水准测线分多段布设，静力水准点与相应高程精密水准点平行布设。大坝共布设 3 条静力水准测线、183 个测点、47 台标定器。

（3）双金属标。在 733.00m 高程右岸灌浆平洞倒垂线观测室布设 1 套双金属标，双金属标钻孔深度为 110m。

（4）竖直传高。在施工期和运行初期，大坝垂直位移监测是以垂直位移监测控制网在大坝两岸设立的双金属标为工作基点，待坝体双金属标和两岸山体灌浆洞基岩标稳定后，再以 8 号坝段双金属标和两岸山体灌浆洞内的基岩标作为大坝垂直位移监测工作基点。在 8 号坝段（拱冠）布设 1 条竖直传高设备，竖直传高分 5 段布设，总长度为 254m。

5. 二滩水电站

二滩水电站大坝垂直位移监测采用精密水准法和静力水准法[32-37]。大坝共布置 56 个水准点（抗力体除外），其中坝顶 14 个，1169.25～980.25m 高程廊道分别为 10 个、8 个、6 个、3 个，两岸基础灌浆廊道 15 个。静力水准测线以纵横管路形式共布置 2 条，其中一条纵向管路沿 980.00m 高程基础廊道布置，4 个测点；一条横向管路布置于 21 号坝段支廊道，沿线设置 4 个测点。

6. 大岗山水电站

大岗山水电站大坝垂直位移监测采用精密水准法和静力水准法。4 层廊道共布置 77 个水准点、8 个水准工作基点。选择 3 层廊道及支廊道布置静力水准点，并与水准点测线布置一致，共计 6 条测线、55 个静力水准点。静力水准工作基点设在 940.00m 高程灌浆洞深处。

2.2.2.3　坝体倾斜监测

1. 小湾水电站

小湾水电站坝体倾斜监测采用静力水准法[15-17]。静力水准点布设方法同 2.2.2.2 小节小湾水电站静力水准点布设方法。

2. 溪洛渡水电站

溪洛渡水电站坝体倾斜监测采用精密水准法。选择坝体适当部位布置水准点，进行倾斜监测。

3. 二滩水电站

二滩水电站大坝采用单管水准仪监测坝体倾斜[32]，共 25 个测点，布置于 1169.25m 高程上检查廊道（12 个测点）、1091.25m 高程下检查廊道（8 个测点）及 1040.25m 高程交通廊道中下游侧边墙（5 个测点）。

4. 大岗山水电站

大岗山水电站大坝采用精密水准法监测坝体倾斜。水准点布设与表面变形测点结合，布设方法同 2.2.2.1 小节大岗山水电站表面变形测点布设方法。

2.2.2.4　坝基变形监测

1. 小湾水电站

小湾水电站大坝采用多点变位计、滑动测微计、固定测斜仪监测坝基变形[15-18]。

（1）超前监测。小湾水电站坝址处于中高应力区，为监测开挖卸荷松弛至部分压实变形的全过程，在两岸的坝肩槽部位利用各层排水洞、交通洞和原勘探洞布置竖直方向或沿建基面法向的滑动测微计；布置竖直方向、沿建基面法向和水平方向的六点式多点变位计。

（2）1000.00m 高程以下建基面监测。选择重点监测坝段的排水廊道和灌浆廊道，布置滑动测微计测点，监测建基面浅表部位岩体卸荷回弹和压缩变形；选择重点坝段坝踵、坝中、坝趾部位，各布置 1 套六点式多点变位计，监测低高程坝基岩体的深部变形。为监测低高程坝基潜在的浅层滑动现象，在 14 号、20 号、23 号、25 号、31 号坝段坝基排水廊道布置深入坝基 10m 的浅孔固定测斜仪，每孔 5 支。

（3）1000.00m 高程以上监测。在拱梁作用均相对明显的 1000.00~1100.00m 高程布置拱向和梁向变形监测设施，在 1100.00m 高程以上布置拱向变形监测设施。拱向变形监测设施主要布置在坝踵和坝趾位置，方向主要取决于拱推力和建基面岩体的结构面的构成；梁向变形监测设施主要布置在坝中位置，方向竖直向下。梁向基岩深部变形监测仪器采用六点式多点变位计；坝体和坝基之间沿径向和竖向的剪错变形监测采用锢钢丝双向测缝计；为监测固结灌浆过程中混凝土的抬动情况，在 15 号坝段钻孔埋设 2 套岩石变位计，岩石变位计钻孔深入基岩 15m。

2. 溪洛渡水电站

溪洛渡水电站大坝采用多点变位计监测坝基变形[38-40]。坝基部位在 2 号、3 号、26 号、28 号、29 号坝段灌浆洞，5 号、6 号、9 号、10 号、12 号、21 号、22 号、23 号、24

号坝段基础爬坡廊道，14 号坝段 335.00m 高程下游贴角区，15 号坝段下游边墙，16 号坝段上游、下游贴角区，18 号坝段中部、下游贴角区各安装 1 套多点变位计，仅 15 号坝段多点变位计倾向下游与铅垂方向呈 30°角，其余多点变位计为铅垂方向。

3. 乌东德水电站

乌东德水电站大坝采用多点变位计、岩石变位计等监测坝基深部变形。为监测坝肩抗力体和坝基岩体卸荷回弹及压缩变形，特别是软弱夹层和断层分布部位坝基的压缩变形，采取以下措施：

（1）7 号、8 号、9 号坝段的坝基、坝踵、坝趾各布设 1 支岩石变位计，共 6 支。

（2）两岸坝肩抗力体在两岸 975.00m、945.00m、915.00m、885.00m、855.00m、825.00m、795.00m、765.00m、735.00m 高程拱座各布设 1～2 套四点式多点变位计，每孔 50m 深，共布置 24 套多点变位计、6 支岩石变位计。

4. 二滩水电站

二滩水电站大坝采用多点变位计监测坝基变形[32]。5 号、13 号、21 号、29 号、33 号、36 号坝段基础廊道内各布置 1 套六点式多点变位计；1090.00m 高程检查廊道下游通道和 1107.00m 高程基础廊道各增设 2 套多点变位计，多点变位计孔深为 40～60m。

5. 大岗山水电站

大岗山水电站大坝采用石墨杆式收敛计、多点变位计、滑动测微计监测坝基变形。

（1）左岸 1030.00m、1081.00m 高程灌浆洞内各布置 1 套石墨杆式收敛计，共 2 套；沿灌浆洞约 20m 布置 1 个测点，最深点位于山体深部（相对稳定处），共 21 个测点。

（2）15 号坝段上游、下游钻孔埋设多点变位计，监测拱坝倾斜。在两岸拱肩槽坝基上、下游侧，布置四点式多点变位计监测水平向位移。1080m 高程坝基上游侧水平向布设四点式变位计 1 套，下游侧水平向布设六点式变位计 1 套，监测向临空面变形及坝体浇筑后压缩变形。在多点变位计附近的锚杆上布置锚杆应力计，共 2 套。

（3）根据拱肩槽的地质情况，对薄弱部位进行了置换或清基处理，需重点监测处理后拱肩槽的变形情况。左岸 8 号坝段 979.00m 高程廊道布置 1 个竖直向下的滑动测微计；右岸 21 号坝段 979.00m 高程廊道布置 1 个竖直向下的滑动测微计；在 13 号坝段 940.00m 高程廊道布置 1 个竖直向下的滑动测微计，监测坝基沉降。

拉西瓦水电站、锦屏一级水电站、小湾水电站、溪洛渡水电站、二滩水电站、大岗山水电站大坝变形监测项目及布置见表 2.7。

2.2.2.5　接缝变形

1. 锦屏一级水电站

锦屏一级水电站大坝横缝开合度监测共布设测缝计 747 支。每个灌区布设 1 组测缝计（3 支），上、下游表面距止水片 3m 处各布设 1 支，坝体中间布设 1 支。拱坝河床坝段坝基强约束区混凝土在冬季低温季节浇筑，此部位横缝不易张开且属于工程首期接缝灌浆部位，适当增加测缝计数量以利于分析接缝灌浆施工质量及工艺改进，为全坝接缝灌浆奠定基础。拱坝 1800～1885m 水位变幅区接缝灌浆时间位于首次蓄水期间，此部位横缝受坝体变形影响不易张开，影响接缝灌浆，该区域适当增加横缝测缝计数量。

表 2.7 拉西瓦水电站、锦屏一级水电站、小湾水电站、溪洛渡水电站、二滩水电站、大岗山水电站大坝变形监测项目及布置

项目	拉西瓦水电站	锦屏一级水电站	小湾水电站	溪洛渡水电站	二滩水电站	大岗山水电站
监测断面	8个重点监测部位（11号梁及16号坝段）、1/4拱（4号及19号坝段）、3/4拱（1号及22号坝段）、两岸坝肩、拱坝基础（坝基）	7个重点监测段：拱冠梁、河床部位（2个）、地质复杂1/4拱（2个）、两岸坝肩（2个）	9个重点监测坝段（4号、9号、15号、19号、22号、25号、29号、35号、41号坝段）	4个重点监测坝段：5号、10号、15号、22号、27号坝段	5个拱向监测断面：拱冠梁、左右1/4拱弧段、4号、37号拱坝段	按照"三拱五梁"原则布置，重点监测6号、10号、14号（拱冠梁坝段）、19号和24号坝段
垂线总数	共7组	共10组	共9组，正垂线预埋φ600mm的钢管，埋设后单段有效管径≥400mm	共5组	共5组，包括8条倒垂线和10条正垂线。共20个测点	共7组，包括23条正垂线、8条倒垂线
坝顶水平位移监测和垂直位移监测	大地测量法	1.大地测量法；2.GNSS法	1.大地测量法；2.GPS法	大地测量法	大地测量法	大地测量法
坝顶水平位移监测和垂直位移监测	平面变形测点和精密水准测点	坝顶布置监测墩和坝体变形GNSS测点进行坝体变形监测。监测点与正垂线对应同一坝段，坝顶布置8个GNSS测点	在坝顶布置15个GPS监测点，其中9个GPS监测点与正垂线位于同一个坝段，另外在左右岸坝肩、1/4拱附近	共计7个监测点	坝顶设5个测点	共7个测点
坝体水平位移监测（包括弦长监测）	大地测量法（下游坝面分2层高程布点）	1.大地测量法；2.GNSS法（坝后桥）	1.大地测量法；2.激光三维测量系统（下游坝面分3层高程布点）	大地测量法（下游坝面分2层高程布点）	大地测量法（下游坝面分2层高程布点）	大地测量法（下游坝面分3层高程布点）
坝体倾斜监测	1.静力水准仪；2.梁式倾斜仪	静力水准法	1.精密水准法；2.静力水准法	1.精密水准法；2.静力水准法	单管水准仪（Slope Indicator 倾角仪测读）	精密水准法
拱冠垂直位移监测	1.精密水准法；2.静力水准法	1.精密水准法；2.静力水准法；3.双金属管标	1.精密水准法；2.静力水准法	精密水准法	1.精密水准法；2.静力水准法	1.精密水准法；2.静力水准法
坝基及拱座位移监测	岩石变位计	引张线	多点变位计、滑动测微计、固定测斜仪	多点变位计	六点式多点变位计	1.石墨杆式收敛计；2.多点变位计；3.滑动测微计
坝体与基岩接缝监测	测缝计	测缝计	测缝计、裂缝计	测缝计	测缝计	测缝计
坝段间接缝监测	测缝计	测缝计	测缝计	测缝计	测缝计	测缝计

2. 二滩水电站

二滩水电站大坝坝段间横缝共计埋设测缝计 120 支。各支测缝计沿 1187.00m、1148.00m、1100.00m、1052.00m、1004.00m、979.70m 共 6 个典型高程布设。1187.00m 高程测缝计布置在横缝的上、下游侧（距上下游坝面 1.5m 处），其余高程在上、下游侧及坝段中间位置各布置 1 支。33 号、34 号坝段下游坝面裂缝共布设 7 支表面测缝计。

3. 大岗山水电站

大岗山水电站大坝共布设横缝永久测缝计 317 支，此外还布设了施工期临时监测测缝计。选择拱坝 8 条横缝，每个横缝灌浆区布设 1 组测缝计（3 支），每条横缝顶部灌区布设 1 支测缝计。坝体横缝上、下游方向测点位置距离横缝灌浆止水片 3.0m，中部测缝计布设于上、下游坝面中间位置。

2.2.3　渗流监测

2.2.3.1　坝基扬压力监测

1. 锦屏一级水电站

坝基扬压力监测布置 1 个纵断面和 6 个横断面，共布置 43 个测点。纵断面布置在帷幕后，用于评价帷幕效果；河床中部 11 号坝段、13 号坝段和 16 号坝段帷幕后布置深孔测点，孔深达到帷幕深度的一半。横断面布置在最大坝高的河床中部 11 号、13 号和 16 号坝段，帷幕转折处 9 号、19 号和 21 号坝段，每个断面在帷幕前、帷幕后、排水幕线和坝趾各布置 1 个测点。

2. 小湾水电站

坝基扬压力监测布置在重点监测坝段（9 号、15 号、22 号、35 号、41 号坝段）、有纵向廊道的坝段（3 号、6 号、12 号、20 号、25 号、30 号、32 号、38 号坝段）以及兼顾渗流监测的坝段（18 号、27 号坝段）、坝基上游第一排水廊道的排水幕线上。在 9 号、15 号、22 号、30 号、35 号坝段的基础横向交通廊道及排水廊道顺河方向埋设测压管，构成横向主监测断面。

3. 溪洛渡水电站

坝基渗压监测[22-27] 主要采用渗压计和测压管进行。为监测坝基渗压，在坝基和大坝下游贴脚布置了 54 支渗压计。为便于反馈分析，2 号、15 号、16 号和 24 号坝段帷幕前各布置 1 支渗压计，拱冠 15 号坝段和右岸 24 号坝段下游贴脚各布置 4 支渗压计，其余渗压计均位于帷幕或排水幕后，仪器大部分埋设在建基面以下 1.5m。

坝基测压管布置在 341.25m、395.00m、470.00m、527.00m、563.00m 高程排水洞，两岸各布置 10 个，共 20 个。在 13～19 号坝段 347.25m 高程灌浆廊道各布置 1 个测压管，共 7 个；在 14 号、15 号、16 号、18 号坝段 341.25m 高程灌浆廊道各布置 1 个测压管，共 4 个。大坝共布置测压管 65 个。

4. 乌东德水电站

乌东德水电站坝基两岸各布置了 5 层灌浆及排水洞，河床中部 6～10 号坝段坝基在 733.00m 高程廊道设置俯孔主排水孔，733.00m 高程以上两岸坝基通过其下部灌浆洞的仰孔排水孔疏排主帷幕后渗透水。因此，除河床中部 6～10 号坝段之外的两岸各坝段坝基主排水孔（仰孔）基本处于疏干状态，无须进行渗压监测。

（1）纵向监测断面。在主河床6～10号坝段基础廊道主排水幕（府孔）每个坝段布设1个测压管，共5个测压管，形成坝基纵向监测断面。测压管深入建基面以下1.0m，倾角与主排水幕的排水孔一致。

（2）横向监测断面。在4号坝段坝基上下游侧、7号坝段坝基上游侧、8号坝段坝基上下游侧各布置1支渗压计，共5支，形成坝基横向监测断面。

5. 二滩水电站

二滩水电站大坝采用渗压计监测坝基扬压力[36]，共22个测点，沿坝基纵向布置三排：第一排布置在帷幕后，共5个测点；第二排布置在坝基排水区，共12个测点；第三排布置在坝趾附近，共5个测点。

2.2.3.2　坝体及坝基渗透压力监测

1. 小湾水电站

小湾水电站大坝采用渗压计监测坝体渗透压力[15-16]，在15号、22号、29号坝段坝体上游竖向排水管两侧1100.00m高程以下，在坝体混凝土内共布置21支渗压计，每支间隔40～50m，监测坝体混凝土渗透压力，评价混凝土的施工质量和防渗效果。

2. 溪洛渡水电站

为给大坝防渗帷幕工作状态和坝肩稳定评价提供必要的监测数据，在两岸灌浆洞和排水洞内共布置了56支测压管，其中36支位于灌浆洞内，20支位于排水洞内。

3. 大岗山水电站

大岗山水电站大坝采用测压管监测坝体渗透压力，坝基灌浆洞内共布置35个测点，分别布置在940.00（含水平段基础廊道）～1135.00m高程四层灌浆洞内。坝基排水洞内共布置25个测点，分别布置在937.00（含水平段基础廊道）～1081.00m高程四层排水洞。坝基测压管水位采用压力表或平尺水位计进行监测。

2.2.3.3　渗漏量监测

1. 锦屏一级水电站

锦屏一级水电站大坝各个坝段布设连接上、下两层坝体检查廊道的坝体排水孔，最终汇集到1595.00m高程集水井。两岸坝基的渗漏水通过各层帷幕灌浆洞和坝基排水洞朝坝体汇集，然后通过坝体斜廊道和坝体排水孔最终汇集到1595.00m高程集水井，大坝渗流量监测沿水流方向布置26座量水堰。

2. 小湾水电站

小湾水电站大坝[15-16]1190.00m高程3号、41号坝段，1150.00m高程5号、39号坝段，1100.00m高程9号、35号坝段，1060.00m高程12号、33号坝段和1010.00m高程16号、28号坝段检查廊道排水沟内各布设1座三角形量水堰，23号坝段诱导缝检查廊道、灌浆廊道、第一和第二排水廊道汇入集水井前布置10座量水堰，监测坝体不同高程分区渗漏量。

3. 溪洛渡水电站

溪洛渡水电站大坝[22-24]341.25m、347.25m、395.25m、470.25m、527.25m、563.25m高程坝肩灌排廊道布置量水堰监测渗漏量，共布置量水堰14座（含集水井2

座）。

4. 乌东德水电站

渗漏量监测包括坝基和坝体渗漏量监测。

（1）坝基渗漏量监测。坝基及两岸灌浆洞主排水孔渗漏量汇集情况为：由两岸733.00m、780.00m、850.00m高程灌浆洞及坝体733.00m高程基础廊道汇集至7号坝段集水井，再抽排至水垫塘；左岸890.00m、945.00m高程灌浆洞通过各自支洞排至水垫塘；右岸945.00m高程灌浆洞通过一个钻孔将渗漏水集中排至右岸895.00m高程灌浆洞，右岸895.00m高程灌浆洞再排至右岸厂外排水洞。两岸988.00m高程灌浆洞未设基础排水孔。

在施工期，为观测坝基渗漏量并排除施工用水的影响，坝基渗漏量通过量测排水孔的单孔渗漏量获得，运行期坝基渗漏量通过量水堰集中量测并结合排水孔单孔量测获得。量水堰的布置为：在7号坝段基础廊道集水井入口处布设4座量水堰，在两岸780.00m、850.00m、895.00m、945.00m高程基础灌浆洞水流出口处各布设2座量水堰，以了解灌浆洞渗漏量。大坝共布设24座量水堰。

（2）坝体渗漏量监测。坝体渗漏量可通过量测坝体排水孔的单孔渗漏量获取。

5. 大岗山水电站

在两岸灌浆及排水洞洞口附近、集水井处、1080.00m高程混凝土与岩体交界处、排水沟及厂坝交界等部位布置量水堰，共22座。

2.2.3.4 绕坝渗流监测

1. 锦屏一级水电站

利用两岸坝基的六层帷幕灌浆洞、六层坝基排水洞和五层抗力体排水洞分层布置绕坝渗流测点。帷幕后布置1个断面，在六层帷幕灌浆洞钻孔安装渗压计；排水幕线上布置1个断面，在六层坝基排水洞钻孔安装渗压计；五层抗力体排水洞各布置3～4个断面，在抗力体排水洞钻孔安装测压管。绕坝渗流测点间距为50～100m，靠近坝肩附近测点较密，远离坝肩附近测点较疏，共布置197个测点，有104支渗压计和93个测压管。

2. 小湾水电站

小湾水电站[15-16]大坝左岸共布置绕坝渗流孔22孔，其中11孔布置于坝后岸坡各级马道，选择6孔布置为双管式水位孔，分层监测边坡入渗和坝基绕渗；3孔布置于4号山梁排水支洞，选择1孔布置为双管式水位孔，监测卸荷岩体的渗流情况，评价4号山梁固结灌浆对地下水的排泄和边坡稳定的影响；6孔布置于1020.00～1245.00m高程各层灌浆洞端头，监测帷幕端头绕渗情况；1孔布置于坝前1245.00m高程平台，监测库区水位变化；1孔布置在上游库区边坡，孔底高程略高于水库蓄水高程，监测蓄水对库区自然边坡地下水的影响。

右岸共计布置绕坝渗流孔25孔，其中12孔布置于坝后岸坡各级马道，选择5孔布置为双管式水位孔，分层监测边坡入渗和坝基绕渗；5孔布置于1060.00～1245.00m高程边坡排水支洞，选择2孔布置为双管式水位孔，分层监测边坡入渗和坝基绕渗；6孔布置于1020.00～1245.00m高程各层灌浆洞端头，监测帷幕端头绕渗情况；1孔布置于坝前1245.00m高程平台，监测库区水位的变化；1孔布置在上游库区边坡，孔底高程略高于水库蓄水高程，监测拱坝蓄水对库区自然边坡地下水的影响。

3. 溪洛渡水电站

结合岸坡的水文地质条件[22-27]，大坝两岸各布置 27 个绕坝渗流孔，共 54 个，孔内埋设渗压计。

4. 乌东德水电站

在大坝两岸六层灌浆洞帷幕下游共布置了 39 孔测压管，观测两岸山体帷幕后地下水水位，评价帷幕防渗效果和绕坝渗流情况。

5. 二滩水电站

绕坝渗流监测采用地下水位监测孔进行，共 38 孔，其中左岸 19 孔、右岸 19 孔，孔内设渗压计。

6. 大岗山水电站

两岸坝肩下游排水洞内各布置 8 孔地下水位监测孔，共布置 16 孔。

2.2.4　应力应变及温度监测
2.2.4.1　坝体应力应变监测

1. 锦屏一级水电站

锦屏一级水电站大坝以"五拱五梁"为原则布置应变计[41-42]。五拱：1855.40m 高程拱圈、1810.40m 高程拱圈、1762.40m 高程拱圈、1720.40m 高程拱圈、1648.40m 高程拱圈；五梁：5 号、9 号、13 号、19 号、21 号坝段。

五向应变计组沿上下游方向布置，1664.00m 高程以上布置 3 组，1664.00m 高程以下布置 5 组。13 号坝段及两岸拱座应力变化复杂的部位布置九向应变计组。大坝布置五向应变计组 119 组，九向应变计组 30 组，单向应变计组 13 组，并在距每组应变计组 1m 的位置配套 1 支无应力计。

2. 小湾水电站

小湾水电站大坝应力应变[43] 布置为"五拱（1000.00m、1050.00m、1100.00m、1150.00m 和 1190.00m 高程）五梁（9 号、15 号、22 号、29 号、35 号坝段）"监测系统。

在重点监测部位坝体混凝土上游、拱座中间和拱座下游布置空间九向应变计组、无应力计。上述对应建基面布置压应力计和渗压计，构成 5 层切向拱推力监测体系。

在重点监测坝体内部拱梁节点处，按坝面上游、中部、下游分别布置由以主平面为梁向和拱向的五向应变计组组合而成的七向平面应变计组、无应力计，监测梁向应力的大小和变化。上述布置结合相应坝段的九向应变计组，构成 5 梁竖向应力监测体系。

在 15 号、22 号、29 号坝段的 1090.00m、1145.00m 高程的坝下游表面共布置 6 组五向平面应变计组，监测坝体表面应力，与拱梁分载法以及有限单元法的等效应力法计算成果进行比较，并与监测下游表面受日照影响的温度计成组布置，监测表面受日温差影响的应力变化情况。在上述布置五向应变计组坝段的相同位置横缝下游侧 50～100cm 位置，布置 6 支压应力计，监测横缝受压过程中坝体下游表面混凝土的潜在压剪破坏。

3. 溪洛渡水电站

溪洛渡水电站大坝[44] 以"三拱三梁"为原则布置应变计，重点监测 334.40m、

442.20m、481.20m 高程拱圈和 7 号、16 号、22 号坝段。拱坝共安装 69 组六向应变计组、66 组五向应变计组、10 组三向应变计组，并配套无应力计。

4. 乌东德水电站

乌东德水电站大坝应力应变监测按"三梁八拱"布置，应变计组主要布置在 8 号坝段、1/4 拱圈的 4 号坝段及 12 号坝段（三梁），河床坝段坝基和两岸近建基面拱座处，高程上按建基面（4 号、6～10 号坝段坝踵处）、723.00m、755.00m、785.00m、815.00m、845.00m、875.00m、905.00m 及 935.00m 高程布置，形成应力应变监测拱平面（八拱，不含建基面处）。

应变计组分二向、七向和九向三种形式，6 组二向应变计组布置在 4 号、6～10 号坝段坝踵近建基面处，二向应变计按铅直向和坝轴向安装，距上游坝面 50cm；七向应变计共 42 组，布置在 4 号、8 号和 12 号坝段不同高程（观测拱圈）距上游坝面或距下游坝面 2m 处；九向应变计共 28 组，布置在不同高程观测拱圈的两岸拱端距上游坝面或距下游坝面 2m 处。应变计组旁均布置了无应力计，共 72 支无应力计。

5. 二滩水电站

二滩水电站大坝应力应变监测以"一拱一梁"为原则布置[45]，重点对 21 号坝段（拱冠梁）和 1124.00m 高程拱圈（约 2/3 坝高）进行监测。

在坝基附近典型坝段（9 号、11 号、15 号、27 号、33 号坝段）以及中孔闸墩位置布置应变测点。应变计按 2 支（平面直角）、3 支（平面等边三角形）或 6 支（空间正四面体）一组埋设，共布置 41 个测点，204 支应变计。每组应变计组附近相应埋设 1 支无应力计，共 38 支无应力计。

2.2.4.2　坝基应力监测

1. 小湾水电站

小湾水电站大坝在 15 号、29 号坝段坝踵和坝趾及 9 号、35 号坝段坝趾布置沿坝面的单向钢筋计[43]，与应变计组一同监测坝体混凝土应力变化情况。在 29 号坝段 1010.00m 高程下游沿径向布置滑动测微计，监测坝体混凝土应变分布。在推力墩和坝肩岩体之间布置 6 支压应力计，监测拱端推力传递情况。在坝趾贴角部位的工作锚索上按 5%～10% 的比例布置相应吨位的锚索测力计，监测锚索锁定荷载的变化。贴角部位共计布置 23 台 6000kN 级和 6 台 4000kN 级锚索测力计。

2. 溪洛渡水电站

溪洛渡水电站[44] 大坝 15 号、16 号坝段水平埋设压应力计，12 号、20 号坝段斜向贴坡埋设压应力计，监测垂直于建基面的压应力；4 号、10 号、22 号与 26 号坝段压应力计垂直向安装，监测压应力。坝基共布设 21 支压应力计。坝趾部位共布置 90 台锚索测力计。

3. 乌东德水电站

乌东德水电站大坝在 875.50m 高程以下 2 号、3 号、5 号、8 号、10～13 号坝段坝踵、坝趾共布置了 13 支混凝土压应力计（与坝体应力计组对应布置）。在 2 号、8 号和 13 号坝段 875.00m 高程上、下游面应变计组旁各布置了 1 支切向和 1 支铅直向的混凝土应力计（可观测拉应力），共 12 支混凝土应力计。

4. 二滩水电站

二滩水电站[45] 大坝共布置混凝土压应力计 12 个，1010.00m 和 1080.00m 高程两岸拱端的上游、中间和下游部位各布置 1 个测点。

5. 大岗山水电站

大岗山水电站大坝在 4 号、6 号、8 号、10 号、14 号、15 号、17 号、19 号、24 号、25 号坝基上、中、下游各布置 1 支岩石变体计，共 30 支。在 6 号、9 号、20 号、24 号坝基上、中、下游各布置 1 套六点式应变计串和 1 支单点式锚杆应力计，共有六点式应变计串 12 套、单点式锚杆应力计 12 支。

2.2.4.3　坝体温度监测

1. 锦屏一级水电站[46]

除测缝计、应变计传感器外，在 9 号、13 号、19 号坝段布置 3 个温度监测断面，每个灌区沿上、下游方向布置 5 支温度计，其中距上游混凝土表面 10cm 处布置 1 支，监测上游坝面温度和库水温度；距下游混凝土表面 10cm 处布置 1 支，监测下游坝面温度；坝体内部等距布置 3 支。3 个断面坝基在不同高程布置钻孔温度计，监测坝基温度情况。

考虑到"精细化温控"的要求，须全面监控各浇筑仓温度。每个混凝土浇筑仓至少设置 3 支温度计，若该浇筑仓内设置有应变计、温度计或相邻横缝上设置有测缝计，则该浇筑仓不再设置温度计。按此布置原则，大坝共布置施工期温度计 4567 支。

2. 小湾水电站[47]

大坝温度监测设施布置在 9 号、15 号、22 号、29 号、35 号坝段，其他部位采用布置于坝体内部的差阻式仪器进行温度监测。

在 15 号、22 号、29 号监测坝段不同高程呈 S 形布置测温光纤，实现施工期坝体混凝土温度分布的连续监测。

因小湾水电站大坝轴线基本呈东西走向，早晚日照温差变化较大，在 15 号、29 号坝段 1075.00m 高程距下游面 10cm 布置温度计，监测混凝土表面受日照气温的影响。在 15 号、29 号坝段 1135.00m 高程和 22 号坝段 1110.00m 高程距下游坝面 60cm 范围内布置 5 支温度计，监测坝体混凝土导温系数。

3. 溪洛渡水电站

(1) 坝体[25] 表面温度监测。坝体表面共安装温度计 138 支，主要布置于 6 号、10 号、16 号、22 号、27 号、29 号坝段的上、下游坝面，温度计距坝体表面 0.1m。

(2) 坝体温度监测。坝体温度主要利用横缝测缝计进行监测，其中上游、中下游横缝测缝计分别埋设在距上游坝面 4.2m 位置、坝段中部和距下游坝面 4.2m 位置。

(3) 测温光纤。在主体拱坝 4 个典型坝段，即 5 号、15 号、16 号和 23 号坝段，埋设分布式光纤，并进行温度监测。

4. 乌东德水电站

(1) 8 号坝段（拱冠）。在 739.00m、770.00m、800.00m、830.00m、860.00m、920.00m、950.00m 高程按网格状布设温度计，同时保证坝体上游面铅直方向每间隔 15m 高差左右、下游坝面铅直方向每间隔 30m 高差左右，距坝面 10cm 的地方布设温度计监测水库水温。大坝共布置 54 支温度计，仪器电缆引至 8 号坝段 945.00m 高程观测房。

（2）4 号坝段（约 1/4 拱圈）。在 800.00m、830.00m、860.00m、890.00m、920.00m、950.00m 高程按网格状布设温度计，同时保证坝体上游面铅直方向每间隔 15m 高差左右、下游坝面铅直方向每间隔 30m 高差左右，距坝面 10cm 的地方布设温度计监测水库水温。仪器电缆引至 4 号坝段 945.00m 高程观测房。

（3）12 号坝段（约 3/4 拱圈）。在 830.00m、860.00m、890.00m、920.00m、950.00m 高程按网格状布设温度计，同时保证坝体上游面铅直方向每间隔 15m 高差左右、下游坝面铅直方向每间隔 30m 高差左右，距坝面 10cm 的地方布设温度计监测水库水温，共布置 34 支温度计，仪器电缆引至 12 号坝段 945.00m 高程观测房。

5. 二滩水电站

二滩水电站[32] 大坝在偶数坝段的每一个灌区中间，一个灌区埋设 1 支温度计，共 228 个测点。在 11 号、21 号、33 号坝段的上、下游坝面以及坝体内部应变计埋设高程布置坝体温度计，采用振弦式温度计，该类温度计带有半导体测温功能，共埋设 25 支。

6. 大岗山水电站

大岗山水电站大坝在距上游、下游坝面 5cm 处自上而下布置温度计，测点高程与测缝计高程一致，以利于断面温度梯度分析。坝体混凝土内也布置温度计。共布置差阻式温度计 219 支。

在 10 号、14 号、19 号 3 个典型坝段的浇筑层中部沿上、下游方向环形布设分布式测温光纤，共布置 3 条测温光纤（2700m）；沿测温光纤走线附近串接光栅温度计，光栅温度计与分布式测温光纤配合使用，以提高温度监测的精度和可靠性。大坝共布置光栅温度计 62 支。

2.2.4.4 坝基温度监测

1. 溪洛渡水电站[25]

利用河床坝段建基面 324.50m 高程附近基岩测缝计进行坝基温度监测，测缝计主要分布在 14～19 号坝段。

2. 乌东德水电站

在 8 号坝段基础布设 1 组地温观测孔，孔深约 20m，距基岩面 1m、3m、5m、10m 和 20m 深分别布设 1 支温度计，监测坝基地温。坝基共计布设 5 支温度计，温度计电缆引至 8 号坝段 945.00m 高程观测房。

3. 大岗山水电站

大岗山水电站大坝在 9 号、14 号、20 号 3 个典型坝段坝基进行温度监测，每个坝段坝基沿钻孔深度间隔 5～6m 设置 1 组温度计组，每组 5 支差阻式温度计，共 3 组 15 支。坝基温度监测同时利用渗压计及多点变位计的测温功能。

为对坝基置换块及垫座混凝土进行温度监测，在坝基置换块混凝土中布设温度计 12 支，在垫座中布设温度计 1 支，共 13 支。

拉西瓦水电站、锦屏一级水电站、小湾水电站、溪洛渡水电站、二滩水电站、大岗山水电站应力应变和温度监测见表 2.8。

表 2.8　拉西瓦水电站、锦屏一级水电站、小湾水电站、溪洛渡水电站、二滩水电站、大岗山水电站应力应变和温度监测

项目		拉西瓦水电站	锦屏一级水电站	小湾水电站	溪洛渡水电站	二滩水电站	大岗山水电站
应力应变监测		应变计（五向）、无应力计	应变计（单向、五向）、无应力计	应变计（五向、七向、九向）、无应力计、压应力计	应变计、无应力计	应变计（2 支、6 支）、无应力、3 支、6 支力计	应变计、无应力计
		按"六拱五梁"原则布置应变计组。"六拱"指 2240.00m、2280.00m、2320.00m、2360.00m、2400.00m 和 2430.00m 高程拱圈，"五梁"指 4 号、7 号、11 号、16 号、19 号坝段	按"五拱五梁"原则布置应变计。"五拱"指 1855.40m 高程拱圈，1810.40m、1720.40m 高程拱圈，1648.40m 高程拱圈，"五梁"指 5 号、9 号、13 号、19 号、21 号坝段	按"五拱五梁"原则布置应变计。"五拱"指 1000.00m、1050.00m、1100.00m、1150.00m 和 1190.00m 高程拱圈"五梁"指 9 号、15 号、22 号、29 号、35 号坝段	按"三拱三梁"原则布置，重点监测 334.40m 高程拱圈、442.20m 高程拱圈、481.20m 高程拱圈和 7 号、16 号、22 号坝段	按"一拱一梁"原则布置，重点对 1124.00m 高程拱圈（约 2/3 坝高）和 21 号坝段（拱冠梁）进行监测	按"三拱五梁"原则布置，重点监测 6 号坝段、14 号拱冠梁坝段、19 号坝段和 24 号坝段，共布设五向应变计 46 组、九向应变计 12 组，计 58 支无应力计
坝基应力监测		压应力计（监测建基面应力）、钢筋计（监测坝基接缝应力）	—	钢筋计、滑动测微计、压应力计、锚索测力计	压应力计（监测垂直于建基面及水平向的压应力）、锚索测力计	压应力计（监测拱推力）	压应力计、锚杆应力计、应变计串（监测竖向压应力和推力）
坝体和坝基温度监测		温度计、测温光纤	温度计	测温光纤、温度计	测缝计、测温光纤	温度计	温度计、测温光纤、光栅温度计

2.2.5　特殊结构监测

2.2.5.1　特高拱坝两岸抗力体及置换洞等监测

1. 锦屏一级水电站

锦屏一级水电站大坝两岸抗力体变形监测[48] 仪器包括多点变位计、收敛断面、测距墩、石墨杆收敛计、位错计、测缝计；应力、温度监测仪器包括锚杆应力计、钢筋计、应变计、压应力计、锚索测力计、温度计；渗流监测仪器包括渗压计、测压管。

（1）两岸抗力体及灌浆影响区变形监测。利用两岸 1885.00～1670.00m 高程五层基础处理洞和抗力体排水洞，布置多点变位计、收敛断面、测距墩及石墨杆收敛计，形成横河向变形测线，监测基础处理灌浆区的岩体变形。

（2）抗力体固结灌浆洞监测。在左岸 1829.00～1670.00m 高程四层抗力体固结灌浆洞与软弱结构面（f_2 断层、f_5 断层、煌斑岩脉 X）交叉处布置监测断面，采用多点变位计、锚杆应力计、钢筋计、位错计、收敛计进行监测。

（3）f_{42-9} 断层抗剪洞监测。在 1885.00～1840.00m 高程三层平洞布置监测断面，采用多点变位计、锚杆应力计、测缝计、位错计、渗压计、钢筋计、应变计监测抗剪洞工作状况。

（4）煌斑岩脉置换洞监测。在 1829.00～1670.00m 高程等洞室中布置锚杆应力计、渗压计、测压管、应变计、压应力计、钢筋计、锚索测力计监测煌斑岩脉置换洞工作状况。

（5）f_5 断层置换洞监测。在 1730.00m、1670.00m 高程等洞室布置锚杆应力计、渗压计、测压管、应变计、压应力计、钢筋计、锚索测力计监测 f_5 断层置换洞工作状况。

（6）左岸垫座。主要进行接缝、混凝土温度和应力应变监测。

2. 小湾水电站

小湾水电站大坝两岸抗力体变形监测[49-50] 仪器包括引张线、铟钢丝位移计、多点变位计、正（倒）垂线、收敛计、测缝计；应力和温度监测仪器包括双轴岩石应力计、锚杆测力计、温度计、压应力计、锚索测力计；渗流监测仪器包括渗压计等。

（1）右岸坝肩抗力体。1100.00m 高程以上部位拱的作用相对明显，选择 1100.00m、1150.00m 和 1190.00m 三个高程排水支洞洞壁，分别布置引张线和铟钢丝位移计，监测抗力体顺河向变形、横河向变形；布置多点变位计、正（倒）垂线等，监测蚀变带位移。1100.00m 高程以下部位，1060.00m、1020.00m 高程选择适宜部位布置引张线、铟钢丝位移计监测抗力体顺河向变形、拱推力方向变形。

（2）左岸坝肩抗力体。在 1190.00～1000.00m 高程五层平洞选择适宜部位布置引张线、铟钢丝位移计监测抗力体顺河向变形、横河向变形，采用垂线作为校核工作基点。在 1100.00～1000.00m 高程布设孔深为 25m、40m 的五点式多点变位计，监测近坝基岩体位移及边坡 SN 向陡倾角顺坡向卸荷岩体横河向变形。小湾拱坝抗力体洞室变形监测布置见表 2.9。

（3）抗力体置换洞围岩监测。右岸抗力体处理主要针对软弱岩带布设十层洞室，左岸抗力体布设四层洞室。安全监测设计项目主要包括围岩变形、岩体应力、支护效应、围岩渗透压力和回填混凝土结构应力应变及温度等。监测仪器为收敛计、53 套四点式和 2 套三点式多点变位计、15 组双轴岩石应力计、23 台锚杆测力计、声波检测仪等。

（4）洞塞回填结构监测。在洞塞回填钢筋混凝土中共布置 22 组三向应变计组、22 组无应力计、263 支钢筋计、140 支压应力计、27 支温度计、170 支单向测缝计、81 支三向测缝计、74 支渗压计、58 台锚索测力计。

表 2.9　　　　　　　　　　　　小湾拱坝抗力体洞室变形监测布置

大坝位置	高程/m	监测洞	监 测 设 备				
			IP	PL	EX	ID	M
右岸	1190.00	RHB1	—	3	1	5	2
	1150.00	RGA4＋RJCB1	—	1	1	5	—
		RHC1＋RJCB2	2	—	1	5	2
		RJCB3	1		1		
	1100.00	RGA3	1		1	8	
	1060.00	RICD1	1		1	5	3
		RHF1＋RJCD2	—		1	5	
	1020.00	RJCE1	1		1	3	3
		RJCE2	—		1	2	
左岸	1190.00	LHA1		2	1	4	
	1150.00	LDA4＋LJCB1		1	1	5	
		LHB1＋LJCB2	2		1	5	
	1100.00	LGA3＋LJCC1			1	5	
	1060.00	LJCD1	1		1	6	3
		LHD1			1	4	
	1020.00	LJCE1	1		1	3	2
		LJCE2			1	3	

注　IP—倒垂线（条），PL—正垂线（条），EX—引张线（条），ID—钢丝位移计（组），M—多点变位计（套）。

2.2.5.2　库盘变形监测

1. 小湾水电站

小湾水电站坝区垂直位移监测控制网延伸到库区，监测库盘沉降[51-52]。坝区垂直位移监测控制网自两岸坝肩向上游延伸 3.0km，每 500m 增加一个水准点，共布置了 12 个水准点。

2. 乌东德水电站

乌东德水电站大坝库盘沉降监测采用精密水准法[5-6]，监测范围包括上游环线和下游环线。坝址处于高山峡谷区，地势陡峻，库盘沉降测点利用已建的永久道路布设。上、下游水准环线沿两岸高线过坝路布设，以垂直位移监测控制网基准点为起算点。

（1）上游水准环线。上游水准环线为：左岸坝顶平台（988.00m 高程）—左岸 9-1 隧道、1-2 隧道—下白滩弃渣场—猪拱地弃渣场—会东公路—河门口大桥左岸桥头（1000.00m 高程）—河门口大桥右岸桥头—新村陡皮坡—右岸场内连接线公路（1040.00m 高程）—新村—海子尾巴—右岸 2-1 隧道、2-2 隧道、10-1 隧道—右岸坝顶平台（988.00m 高程），全程约 15km，共布设约 30 个水准点，监测库盘沉降。上游环线在河门口大桥上游至会东公路离岸较远处布置水准基点。

（2）下游水准环线。下游水准环线可观测库盘沉降对近坝区下游两岸沉降的影响范围。下游水准线环线为：左岸坝顶平台（988.00m 高程）—左岸 1-3、1-4 隧道—左岸低线过坝道路（867.00m 高程）—乌东德大桥—大坝垂直位移监测控制网基准点 WL01—右岸低线过坝道路（883.00m 高程）—金坪子前缘—右岸高线过坝路—右岸 10-2 隧道—右岸坝顶平台（988.00m 高程），全程约 10km，共布设约 25 个水准点。下游环线以料场附近大坝垂直位移监测控制网基准点 WL01 为水准基点。

2.2.6 强震及库区地震

1. 小湾水电站

在右岸 9 号坝段和左岸 35 号坝段 1190.00m 高程廊道和坝顶，拱冠梁 22 号坝段 3 个典型高程的廊道和坝顶各布置 1 台强震仪测点[53]，其中 20～25 号坝段布置有泄洪表孔和中孔，在坝面上游采用悬臂结构布置闸门启闭机设备等，在 22 号坝段上游侧悬臂段布置 1 台强震仪测点，监测地震工况下大坝的动力放大系数、地震的相位和震型等。

在拱坝基础灌浆廊道、坝顶两岸灌浆洞、左岸 4 号山梁山脊部位、右岸坝肩下游排水洞和远离大坝影响的下游水准基点平洞，各布置 1 台强震仪，监测坝基和两岸坝肩抗力体的地震多点和多维输入情况，获取地震作用对大坝影响的各项参数。

为监测在地震工况下的横缝开度和梁向应力，选择 5 个坝段不同高程横缝上游面止水前后、下游面止水后或上游检查廊道后，布置光纤光栅传感器。在光纤光栅传感器相同部位布置差阻式仪器，监测地震前后钢筋应力和横缝开合度。

为修正温度影响，在 9 号、22 号、35 号坝段横缝的双向测缝计处布置光纤光栅温度计，其他部位采用差阻式仪器监测温度。

2. 乌东德水电站

（1）大坝强震动安全监测台阵测点布设主要根据建筑物的动力特性以及地震反应确定[54]，一般布设在建筑物各阶振型的最大值、地震反应较大以及重要的动力特征部位。拱坝抗震研究成果表明，拱坝拱冠梁顶部是对称振型的最大处，1/4 拱圈是反对称振型的最大处。河谷自由场主要反映地震动输入参数。

大坝强震动安全监测台阵测点分别布置在 8 号坝段（拱冠梁）、4 号坝段（1/4 拱圈）、12 号坝段（3/4 拱圈）、两岸拱座以及河谷自由场。具体布置如下：

8 号坝段（拱冠梁）：在 988.00m 高程坝顶、733.00～946.00m 高程各层廊道各布设 1 套强震仪，共 6 套强震仪。

4 号坝段（1/4 拱圈）：在坝体 780.00m 高程、850.00m 高程和 946.00m 高程廊道各布设 1 套强震仪，共 3 套强震仪。

12 号坝段（3/4 拱圈）：在 780.00m 高程灌浆洞洞口、坝体 850.00m 高程和 946.00m 高程廊道各布设 1 套强震仪，共 3 套强震仪。

两岸拱座：在坝基左岸 890.00m、945.00m 高程及右岸 895.00m、945.00m 高程灌浆洞洞口处各布设 1 套强震仪，共 4 套强震仪。

河谷自由场：在坝下游左岸水平位移监测控制网网点 TN19W（倒垂点，高程

940.00m) 观测房内布置 1 套强震仪,作为河谷自由场测点。

乌东德水电站共布设 17 个强震测点,其中大坝布设 16 个。

(2) 泄洪洞进水塔 1 级水工混凝土结构,高度约为 83m (905.00~988.00m 高程),设计烈度为Ⅷ度。在 3 号泄洪洞进口闸室顶部 988.00m 高程布设 1 套三分量强震仪。

(3) 两岸进水塔为 1 级建筑物,抗震设计标准为 50 年设计基准期超越概率 5%,相应基岩地震动水平峰值加速度为 0.17g。在左岸 3 号机、右岸 9 号机进水口 988.00m 高程塔顶各布设 1 套三分量强震仪。

3. 大岗山水电站

(1) 强震监测。大岗山水电站大坝强震动安全监测台阵由结构反应台阵和场地效应台阵组成[55],根据坝体结构布置和坝体振动特点,结合地震可能的空间分布方向,强震仪构成"五拱三梁",重点监测坝顶拱圈和拱冠梁,同时在两岸灌浆洞、两岸缆机平台和下游基岩各布设 1 台强震仪,共 20 个测站。大岗山水电站坝体及抗力体强震仪布设情况见表 2.10。传感器测量方向为水平顺河向、水平横河向、竖向三分量。现场强震数据采用分散记录式,汇集中心设在坝顶观测房,监测数据通过管线网络传输到强震数据分析处理中心。强震监测系统由电源系统、加速度传感器、强震动记录器、通信系统、计算机硬件及软件系统组成。

表 2.10 大岗山水电站坝体及抗力体内强震仪布设情况

监测台阵	部 位	高程/m	备 注
大坝结构反应台阵	左岸缆机平台	1270.00	
	左岸坝基	1135.00	灌浆平洞
		1081.00	灌浆平洞
		1030.00	灌浆平洞
	6 号坝段	1135.00	坝顶
		1030.00	下检查廊道
		979.00	交通廊道
	14 号坝段	1135.00	坝顶
		1081.00	上检查廊道
		1030.00	下检查廊道
		979.00	交通廊道
	19 号坝段	1135.00	坝顶
		1081.00	上检查廊道
		1030.00	下检查廊道
		940.00	基础廊道
	右岸坝基	1135.00	灌浆平洞
		1081.00	灌浆平洞
		1030.00	灌浆平洞
	右岸缆机平台	1255.00	
大坝场地效应台阵	下游进厂交通洞附近		稳定基岩上

由于大岗山水电站坝址区地震烈度高,因此分五区布设抗震钢筋,在抗震钢筋上布置光栅钢筋计进行监测。大岗山水电站大坝强震监测立面示意图如图2.8所示。抗震钢筋计结合坝体五个分区的配筋情况布置,共128支。施工后期,所有的抗震钢筋计接入自动化数据采集系统。实测数据反映,各坝段上、下游坝面抗震钢筋应力变化量较小,过程曲线平缓,无异常。

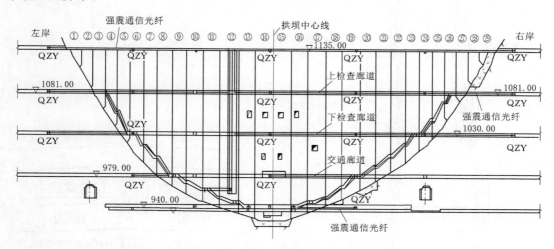

图2.8　大岗山水电站大坝强震监测立面示意图(高程单位:m)

大岗山水电站大坝抗震钢筋应力监测剖面示意图如图2.9所示,大坝阻尼器监测剖面示意图如图2.10所示。抗震阻尼器分别布置在2号、13号、14号坝段横缝的阻力器坑内,阻尼器坑尺寸为2.55m×3.15m×3.45m(长×宽×高),每个坑设置4台阻尼器,分2层安装,共布置12台阻尼器。大坝阻尼器监测数据传至大岗山水电站工程安全监测自动化集成管理系统。

(2)水库诱发地震监测。大岗山水库地震台网由8个测震台站组成,台站沿库区均匀展布,涵盖了可能诱发地震的重点监视区段,区内监测震级下限为ML0.5级。在台站地震监测系统中,大岗山水库地震监测台网采用反馈式短周期地震计和24位数据采集器,监测频带为2s-40Hz。在数据传输方面,全部采用CDMA无线公网传输,地震数据实时传回四川数字强震台网中心。大岗山水电站大坝地震监测系统拓扑图如图2.11所示。

2.2.7　安全监测自动化系统

锦屏一级水电站接入的自动化仪器数量为8143点[59]。自动化系统共设置36个监测站,其中左岸边坡3个,右岸边坡1个,拱坝及坝基20个,水垫塘及二道坝1个,引水发电系统及泄洪洞工程11个。监测中心站设在坝顶值守楼,6个监测管理站分别设于坝体、坝顶及第二副厂房内。系统由205个数据采集单元(DAU2000)组成,配置差阻式数据采集模块(NDA1103)11个、差阻式数据采集模块(NDA1104)156个、振弦式数据采集模块(NDA1403)208个、智能式数据采集模块(NDA1705)23个。

小湾水电站接入的自动化仪器数量为6391点[15,57-58](不含人工管理测点)。该工程安全监测自动化系统按三级设置,即监测站、监测管理站和监测中心站,监测站数量为67

个，监测管理站设在右岸坝顶副厂房，监测中心站设在左岸业主永久营地。流域安全监测中心设在昆明，可对现场监测中心的相关监测信息进行管理。

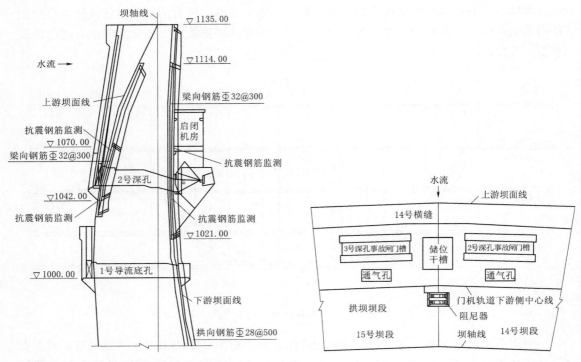

图 2.9　大岗山水电站大坝抗震钢筋应力监测剖面示意图（高程单位：m）

图 2.10　大岗山水电站大坝阻尼器监测剖面示意图

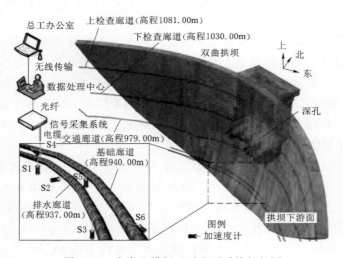

图 2.11　大岗山拱坝地震监测系统拓扑图

二滩水电站接入的自动化仪器数量为 816 点。数据采集装置布设在拱坝 17 个监测室内，共 28 台。

2.3　特高拱坝安全监测布置要点

2.3.1　监测项目与监测断面设置

2.3.1.1　监测项目

　　西北勘测设计院有限公司对特高拱坝库盘变形的影响研究在《高拱坝库盘变形及对大坝工作性态影响研究》的报告中有详细阐述，研究成果表明，库盘沉陷变形影响因素包括坝高及库容、水库形态及沉降中心区域的位置、坝型种类、水库近坝区域断裂特性及地层岩石条件、坝址区分布的次一级断裂特性及地层岩石条件、坝基工程地质条件等。突扩型或突扩、拐弯型河谷，或者拐弯、分岔型河谷，库盘变形会对大坝变形有较显著的影响；直线（曲）型河谷水库沉降中心区距离坝轴线相对较远，因而库盘变形对坝体变形仅有一定的影响或者影响不明显。

　　已建成的李家峡、锦屏一级等特高拱坝出现了一定的谷幅收缩现象。然而，现行的相关安全监测对于库盆变形和谷幅变形的相关规定几近空白。同时，现行规范对于拱座监测设计要求较少。拱坝设计时宜将库盘变形、谷幅变形监测纳入大坝变形永久监测项目。在建项目应根据地质情况和坝型的特殊性进行拱座监测设计。特高拱坝安全监测项目见表2.11。

表2.11　　　　　　　　　　　　特高拱坝仪器监测项目

序号	监测类别	监测项目	监测项目	规范要求项目
1	人工巡视检查		●	●
2	变形	坝体水平位移及挠度	●	●
		垂直位移及倾斜	●	●
		接缝变化	●	●
		裂缝变化	●	●
		坝基及坝肩位移	●	●
		谷幅变形	●	
		坝体弦长变化	●	
		近坝边坡位移	○	●
		库盘变形	○	
		断层活动性	○	
3	渗流	渗漏量	●	●
		扬压力	●	●
		坝体渗透压力	●	○
		绕坝渗流	●	●
		水质分析	○	○
4	应力	坝体应力应变	●	●
		坝基应力应变	●	●
		混凝土温度	●	●
		坝基温度	●	●

序号	监测类别	监测项目	监测项目	规范要求项目
5	环境量	上、下游水位	●	●
		气温	●	●
		降水量	●	●
		库水温	●	●
		坝前淤积	●	○
		下游冲淤	●	○
		冰冻	○	○
		大气压力	—	○

注　"●"代表必测，"○"代表选测。

2.3.1.2　监测断面布置

拱坝监测断面应构成拱梁监测体系，与拱梁分载法计算断面对应。拱坝变形、渗流、应力应变监测结合布置在各个监测断面。监测范围包括坝体、坝基、抗力体、对拱坝安全有影响的近坝区岸坡以及其他与拱坝安全有直接关系的建筑物。

拱坝监测断面应结合计算成果、拱坝体型等因素，以坝段为梁向监测，以高程为拱向监测，构成空间拱梁监测体系。梁向监测断面数量与工程等别、地质条件、坝高和坝顶弧线长度有关，可类比工程经验拟定。高拱坝梁向监测断面对称布置，设置原则一般为：①在拱冠梁或最大计算位移坝段设置 1 个断面；②在两岸 1/4 拱弧段各设置 1 个断面；③在坝基地质条件或坝体结构复杂的坝段和其他有代表性的坝段、两岸拱座设置监测断面。特别重要和复杂的工程，在坝基地质条件或坝体结构复杂的坝段、计算变形较大的增加监测断面。特高拱坝梁向监测断面的数量一般不少于 5 个，坝顶弧长大于 500m 的监测断面至少设 7 个。

监测仪器在布置时应注意相互验证性，采用多种监测方法监测同一物理量，一方面可以检验监测成果的可靠性，另一方面可以获得较为完整的监测数据，补充个别监测仪器损坏造成的监测数据缺失的不足。例如水准监测与静力水准监测测点、引张线测点与表面变形测点、垂线和表面变形测点，其测量结果可以相互验证。特高拱坝布置温度计和测温光纤监测坝体混凝土温度，同时利用坝内其他仪器的测温功能，相邻部位各温度测值可相互校验。拱向监测断面的数量通常不少于 3 个，一般布置在坝顶、2/3 坝高、1/3 坝高附近。坝高大于 300m 的拱坝，宜设 5 个或 7 个拱向监测断面。拉西瓦水电站梁向监测断面共有 7 个，布设于拱冠梁（11 号坝段）、1/4 拱（7 号及 16 号坝段）、3/4 拱处（4 号及 19 号坝段）、两岸坝肩（1 号及 22 号坝段）。

2.3.2　变形监测控制网和环境量监测

2.3.2.1　变形监测控制网

1. 水平位移监测控制网

水平位移监测控制网精度为一等。特高拱坝根据工程变形监测对象的分布，可将整网分为若干个相对独立的监测控制网，也可将整网分为若干层次。国内特高拱坝现有的水平位移监测控制网一般为多级网，分为平面基准网和平面校核网。平面校核网可设 4~10 个网点，平面基准网可设 7～17 个网点。平面基准网为枢纽工程水平位移监测传递基准。可在起算点布置倒垂线，采用倒垂线观测修正后的坐标作为起算数据。一般三角形网边长不超过 1000m，网点间垂直角不超过 30°，高差不超过 100m。

控制网复测平差后，对网点进行稳定性评价。当满足规范中控制网精度要求时，工作基点可不进行修正。当不满足控制网精度要求时，需对工作基点进行修正。

2. 垂直位移监测控制网

垂直位移监测控制网主网精度为一等，多级网精度视情况可选用二等。网型采用闭合环线或附合路线，设 18～33 个水准网点。水准原点一般在坝下游 2～3.5km 范围稳定基岩上布设 1 组，每组不得少于 3 个水准网点，其中 1 个水准网点可采用深埋双金属标，其他采用岩石标或基岩标。

3. 监测控制网的监测

变形监测控制网在不同时期宜使用同一台仪器设备进行监测，并采用相同的监测方法。水平位移监测控制网一般采用边角网法进行监测，网点间的高差可采用精密水准法或三角高程法监测。

进行边长监测时必须使用规定的气象仪表以监测当时的气象元素，用于监测边的气象改正。

2.3.2.2 环境量监测

1. 水位

国内特高拱坝水位监测仪器上游一般置于电站进水口，下游一般置于水垫塘的静水区两岸边坡。

上、下游水位一般采用人工测读水尺或具有自动化采集功能的水位计进行监测。水尺或水位计的最大测读高程高于校核洪水位，最低测读高程低于上、下游最低水位。水尺或水位计的零点标高每 1～2 年校测 1 次，当发现同部位安装的水尺和水位计读数不一致时，应立即进行校测。每年汛期前对水位监测仪器进行检查。

2. 库水温

库水温监测仪器一般采用温度计，监测断面不宜少于 2 个，坝顶弧长大于 500m 时可设 3～5 个监测断面。在坝体上游布置温度计，监测库水温。高拱坝下游水位较深时，可同理设置下游水温监测项目。

特高拱坝库水温测点一般布置于重点监测坝段的正常蓄水位以下高程。测点距上游坝面 5～10cm，间距一般为 1/15～1/10 的坝高，死水位以下的测点间距可适当加大。

正常蓄水位以下至死水位之间高程，因水位变幅较大且变化频繁，库水温测点间距一般为 5～10m；死水位以下 10cm 往下至坝基，库水温测点间距一般为 10～20m。正常蓄水位以上可适当布置测点。

拉西瓦水电站库水温监测断面布置在 2 个坝段（拱冠 11 号和左岸 19 号），坝体上、下游表面布置温度计，同时利用钢筋计、土压力计等差阻式仪器的测温功能。

3. 气温及降水

特高拱坝在坝区设立简易气象站，观测气温、降水量、风速和风向、日照等气象资料。对于坝高大于 300m 或坝轴线长度大于 800m 的，可根据需要在工程不同部位设置

2～3 个气象站。气象站设置在坝顶左岸、右岸、电站进水口或坝后水垫塘等部位。

4. 坝前淤积和下游冲刷

在坝前淤积区和下游冲刷区布置监测断面，每个监测断面库岸设立相应的控制点，采用地形测量法、断面测量法等监测坝前淤积和下游冲刷情况。泥沙监测断面平均间距为 1.0～1.3km，断面数量不少于 30 个，测量频次为 3～5 年一次。下游冲刷监测，可沿河道布置一定数量的监测断面，监测断面一般涵盖尾水或泄洪洞下游出口。

拉西瓦水电站拱冠 11 号坝段坝前 2219.50m、2229.50m、2250.00m、2270.00m 高程成组埋设渗压计和土压力计，监测坝前淤积，共埋设 4 组。同时根据需要进行坝前水下地形测量。

小湾水电站坝前淤积监测方法为[15-16]：坝前淤积水库中地形图的测图比例尺确定为 1：10000，基本等高距为 5m。淤积剖面测量比例尺为 1：1000。水库区布设 GPS 控制网和高程网，水库区水下地形测量采用 RTK 测量方式。GPS 控制网共布设 57 组，精度为四等，澜沧江、黑惠江共设 114 个测点。高程网采用四等三角高程测量方法。横剖面布置在澜沧江、黑惠江及永平大河上。剖面线基本与河床垂直。澜沧江干支流上共布置 240 条横剖面。

小湾水电站下游冲刷监测方法为：坝下游冲刷监测范围为坝址至下游 2.5km 处，即永久大桥下游约 300m 处，高程测至 1050.00m。小湾水电站蓄水后根据需要增加部分下游河道地形测量和库前淤积横剖面测量。

2.3.3　变形监测

2.3.3.1　坝体水平位移监测

特高拱坝表面水平位移采用垂线和表面变形测点进行监测。

1. 垂线监测系统

特高拱坝坝体及坝基水平位移均采用垂线监测。在拱冠梁、拱冠左右两侧 1/4 拱圈处、两岸坝肩或抗力体分别布置 1 条垂线，至少布设 5 条垂线。坝高大于 300m 或者坝轴线长于 800m 时，可在河床坝段、增设诱导缝的坝段或者其他结构特殊部位增设垂线，可设 7～10 条垂线。倒垂线与正垂线相接，河床坝段倒垂线一般兼顾不同深度基岩水平位移，设置 2 组；其他部位按需设置。在布置垂线监测系统的同时，可结合布置坝肩引张线、铟钢丝位移计或坝体连续式折线激光系统等作为校核基点。

2. 大坝表面变形监测

选择重点监测坝段坝顶和坝后桥布设表面变形测点，表面变形测点成组布设，选择同一高程对称坝段布设的表面变形测点，同时可进行弦长监测。表面变形测点每个坝段布设 1 个，也可以每隔一个坝段布设 1 个。垂线所在坝段和坝顶须设测点。国内特高拱坝表面变形测点大多利用全站仪，采用交会法进行监测，也可利用 GNSS 技术进行监测。

拉西瓦等特高拱坝均采用交会法监测坝顶、坝后水平位移。施工期垂线未完善时，在坝后桥布置表面变形测点，可尽早获得拱坝水平位移；布置在垂线坝段的表面变形测点，其监测结果后期可与垂线监测结果进行对比。

3. 高拱坝测点布置特点

拱坝不对称性对拱坝安全而言是一种不利因素，它容易改变高拱坝坝体受力形态，导致坝体及坝肩开裂破坏。在进行测点布设时，尽量沿拱坝对称布点，以便获取拱坝对称位置监测数据并互相对比，分析拱坝两岸应力及位移变化是否均匀。

2.3.3.2　坝体垂直位移监测

1. 坝顶垂直位移监测

大坝表面垂直位移监测一般采用精密水准法，以人工监测，或采用视觉测量系统进行自动化监测。测点布置原则与水平位移类似。

2. 坝体和坝基垂直位移监测

坝体或坝基垂直位移监测采用精密水准法、静力水准系统、双金属管标、基岩变位计、滑动测微计、竖直传高系统等进行。在廊道内布置折线型三维激光系统，可监测坝体空间位移。

坝体垂直位移测线选择坝顶、横河向坝内廊道；一般每个坝段布置 1 个测点，对于坝轴线较长的大坝，也可以每隔 2～3 个坝段布置 1 个测点。若有顺河向坝内廊道，也可布置部分测点。垂直位移监测的工作基点，在两岸相对稳定点各设 1 个，一般采用岩石标；若在坝体廊道或两岸平洞内布设工作基点，可采用钢管标或双金属管标。

大坝各层廊道间高程传递，可在坝体上选择 3～4 个坝段布设竖直传高仪，每个坝段各布设一个竖直传高系统，竖直传高仪上、下两端设置精密水准标志以作人工比测。

2.3.3.3　坝体倾斜监测

倾斜监测断面可与变形监测断面结合，在监测断面布置单管水准仪、梁式倾斜仪监测坝体倾斜，也可采用精密水准法和静力水准法监测坝体倾斜。倾斜测点设在横向廊道内，也可在同坝段同高程不同纵向廊道内对应设点。布置在坝顶时，可在坝顶上、下游对应位置各布设 1 个测点。

不同高程的测点设在同一垂直面上，并与垂线坝段结合布设。二滩、拉西瓦水电站采用直接法监测坝体倾斜。二滩水电站布置单管水准仪，拉西瓦水电站通过在廊道垂线室布置梁式倾斜仪监测坝体倾斜。

小湾、溪洛渡水电站采用精密水准法、静力水准法监测坝体倾斜，测点布置于同坝段同高程上、下游方向，测点数量不少于 2 个。

2.3.3.4　坝基变形监测

坝基深部变形一般通过在坝基布置多点变位计、岩石变位计进行监测。对于拱座有勘探洞、灌浆洞、排水洞的大坝，可结合已有洞室，在洞内布置铟钢丝位移计、滑动测微计、伸缩仪、活动（固定）测斜仪、倒垂线组等监测深部变形。

大岗山、锦屏一级水电站在坝基和拱座可利用洞室，采用杆式收敛计、引张线监测坝基深部位移；大岗山、二滩、拉西瓦等水电站采用多点变位计、岩石变位计监测坝基深部位移。

一般来说，进行坝基深部位移测点布置需考虑以下几点：

（1）在存在地质缺陷及岩体应力较高的部位，布置坝基深部变形测点。

（2）坝基无特殊地质缺陷的，坝基深部变形测点布设与梁向、拱向监测断面相结合，可利用坝基及拱座的勘探洞、灌浆洞、排水洞或监测洞等进行布设。梁向监测断面的测点布置在坝踵和坝趾部位，拱向监测断面的测点沿拱推力方向布设。

（3）拱推力较大、地质条件较差或地形为孤峰突出的拱座时，布设拱座变形监测项目，测点布置与拱向监测断面的高程一致。

2.3.3.5　接缝变形监测

接缝一般包括建基面与坝体之间的接缝、伸缩缝（纵缝、横缝）、诱导缝、周边缝和结构缝等，裂缝一般包括坝体开裂区的潜在随机裂缝及已有裂缝等。拱坝坝身一般不设永久伸缩缝，温度变化和基岩变形对坝体应力影响比较显著。接缝监测仪器为测缝计。

1. 建基面与坝体之间的接缝

建基面与坝体之间接缝的监测一般分为开合度监测和错动监测。建基面接缝变形监测与梁向监测断面坝段相结合，测点布设在坝踵、坝基上游帷幕后、坝趾以及地质条件复杂、岸坡较陡的部位，与坝基应力和渗流测点结合布置。建基面较陡或拱推力较大的部位，施工期在坝体自重的作用下，坝段相对于建基面有向下相对滑动的趋势；蓄水期在水推力的作用下，坝段相对于建基面有向下游和向上相对滑动的趋势。为监测沿水平径向和沿建基面高程方向的错动变形，可在这些部位布置适量的多向测缝计。建基面和拱座混凝土置换处理部位，在置换混凝土与基岩间、置换混凝土分缝间布置接缝变形测点，并应与接触面应力测点结合布设。

2. 伸缩缝

伸缩缝一般分为纵缝和横缝，拱坝一般不设纵缝。拱坝横缝开合度监测用于在施工期指导接缝灌浆的时机、压力，并监测灌浆效果，在运行期监测横缝的开合度变化。拱坝横缝每个灌区中部应布置测缝计。

梁向监测坝段的横缝，在距上、下游坝面 2～3m 处间隔布设测缝计，监测接缝变化。二滩等特高拱坝坝体共埋设 300 余支至 700 余支测缝计不等。

3. 诱导缝

为改善坝踵的应力状态，有些拱坝在坝踵部位设置诱导缝。诱导缝变形监测一般分为缝面法向的开合度监测和沿缝面的错动变形监测。缝面法向的开合度监测一般沿缝面上游、中部和下游布置沿缝面法向的单向埋入式测缝计。沿缝面的错动变形监测应布置和诱导缝方向小角度相交的测缝计，其锚固点应分别位于诱导缝缝面的两侧，宜采用带有加长杆的测缝计或线体式测缝计。为便于监测成果的验证和对比分析，测缝计宜与压应力计和渗压计配套布设，结合缝面压应力和渗水综合判断缝面开合变化情况。

4. 其他接缝或裂缝

坝体周边缝、结构缝、潜在裂缝及其他重要接缝变形监测，可选择有代表性的部位布置测点，采用测缝计或裂缝计。

拱坝表面裂缝监测一般采用简易测量标点、测缝计、砂浆条带等定量或定性监测设备和方法。裂缝位置和长度的监测，可在裂缝两端用油漆画线作为标志，或绘制方格坐标丈量。裂缝宽度的监测可借助读数放大镜测定，重要的裂缝可布置表面式测缝计直接监测或在缝两侧各埋设 1 个金属标点，用游标卡尺测定缝宽。裂缝的深度可用金属丝探测或超声波探伤仪测定。

坝体内部裂缝宜使用钻孔电视、孔壁数字成像等设备和方法，揭示裂缝位置、产状等，坝体内部裂缝发展监测可采用小量程测缝计、大量程应变计、滑动测微计和光纤类连续式传感器等设备。

2.3.3.6 谷幅监测

拱坝两岸坝肩在承受各种荷载后，河谷的宽度将发生变化。谷幅监测是通过监测河谷谷幅的伸长或缩短，研究其变化规律，分析坝肩的稳定性。谷幅监测可选择两岸已有的、基本对称的监测控制网网点、垂线测点组成谷幅测线，或在拱坝两岸边坡布置成对表面变形测点。谷幅变形监测可采用雷达、激光测距等仪器实现自动测量，也可采用全站仪测距等方式进行人工测量。

在平面上，坝址上游测线一般不超过坝址 1km，坝址下游测线一般距坝址 2～3km。在高程上，谷幅测线不宜超过坝顶高程。当坝址附近有Ⅲ级以上断层穿过时，测线的布设应结合断层性状和计算成果等因素确定。表面变形测点采用交会法，工作基点一般利用坝址区水平位移监测控制网网点或在坝下游两岸相对稳定处各设 1 个工作基点。若两岸坝肩岩体卸荷较深，宜专门布设垂直于河流向的谷幅监测洞，在洞内布置铟钢丝位移计等，结合垂线监测坝肩谷幅变化。

2.3.4 渗流监测

渗透水对拱坝拱座的稳定性有显著的影响，渗流将降低岩体的抗剪能力，是产生拱座岩体滑动的直接原因之一。因此，渗流监测是拱坝安全监测的必测项目之一。渗流监测包括坝基扬压力监测、坝体及坝基渗透压力监测、渗漏量监测、绕坝渗流监测等。

2.3.4.1 坝基扬压力监测

扬压力是浮托力和渗透压力的总和。扬压力是一个铅直向上的力，它减小了拱坝作用在地基上的有效压力，从而降低了坝底的抗滑力。

扬压力一般采用测压管监测，测压管水位监测可采用压力表、渗压计等。渗压计的优点是灵敏度高，测值不滞后，缺点是埋入坝体或坝基内的渗压计一旦损坏不易更换，仪器测值漂移、失真不易校正。测压管的优点是测值直观、可靠，测压管压力表表头易于更换。

当采用压力表监测测压管水位时，根据可能产生的最大压力值，选用量程合适的精密压力表。量程一般选取最大可能压力值的 1.3 倍，精度不得低于 0.4 级。用渗压计监测测压管水位或监测渗透压力时，根据可能承受的最大水压选择量程适合的渗压计。测压管孔深一般至建基面以下 1m，必要时可设深层扬压力孔。

特高拱坝坝基扬压力监测首先需要确定监测断面，并注意以下两方面：

(1) 纵向监测断面依据排水廊道的位置和数量布设，宜布设在上游帷幕后或排水幕线后等位置。

(2) 横向监测断面宜设在拱冠、左右 1/4 拱弧、坝肩和地质条件复杂部位。

测压管的钻孔在帷幕灌浆和固结灌浆后进行，钻孔达到设计深度后进行灵敏度试验，钻孔验收合格后，安装测压管和孔口保护装置。拉西瓦水电站测压管的孔深在建基面以下 1m。锦屏一级水电站布置了深孔渗压测点，渗压计孔深达到帷幕深度的一半。

2.3.4.2 坝体及坝基渗透压力监测

坝基深部基岩或构造渗透压力可采用渗压计或测压管进行监测。坝体渗透压力监测设备一般布设于混凝土拱坝，采用渗压计进行监测。

碾压混凝土坝体渗压计主要布置在坝体水平施工缝上；若坝体有诱导缝且要求为无水工况运行时，在诱导缝部位沿缝面布置渗压计，以监测诱导缝的缝面渗压情况。碾压混凝土拱坝坝体渗透压力监测断面可与坝体应力监测断面结合布设。在高程上，死水位以下高程测点高程间距自下而上由密至疏；在平面上，拱坝 1/3 拱圈以内上游，测点间距自上游面起由密至疏。测点与坝面的距离不小于 0.2m，每个坝段监测断面上的坝体渗透压力测点数量不宜多于 3 点。

2.3.4.3　渗漏量监测

坝基拉裂、帷幕拉裂与失效、坝基浅层剪变位增大和地质缺陷溶蚀等都可引起坝基渗漏量增大，因此渗漏量监测是评判拱坝安危的重要监测项目之一。

1. 测点布置原则

拱坝及坝基渗漏量监测应结合枢纽地质条件、渗排措施和渗漏水的流向进行统筹规划，原则上必须区分坝体和坝基、坝肩、河床及两岸拱座等不同部位不同高程的渗漏水量，且每个渗控区域的排水面的渗漏量监测点应闭合，以便渗漏水量有异常变化时可进行有针对性的分区分析。每个排水孔、渗水点必要时可单独监测。

基于拱坝的受力特点，加强坝肩地质条件薄弱地带（如卸荷岩体、软弱岩体等）灌浆洞、排水洞的渗漏水量监测，条件具备时，在地质条件薄弱地带进行工程处理（如固结灌浆、置换等）前建立完整的渗漏量监测体系，以便比较处理效果。

2. 监测方法

渗漏量采用量水堰进行监测。廊道或平洞排水沟内的渗水，可根据与渗透水流方向垂直的横断面的水量进行监测。当渗漏量小于 1L/s 或对单个排水孔进行渗水监测时，用容积法；当渗漏量为 1～30L/s 时，选用直角三角形薄壁堰；当流量大于 30L/s 时，选用矩形薄壁堰或梯形薄壁堰。当采用水尺法测量量水堰堰上水头时，水尺精度不低于 1mm；当采用水位测针或量水堰水位计测量堰上水头时，精度不低于 0.1mm。

2.3.4.4　绕坝渗流监测

绕坝渗流是指库水环绕与大坝两坝肩连接的岸坡产生的流向下游的渗透水流。在一般情况下，绕坝渗流是一种正常现象，但如果大坝与岸坡连接不好，岸坡过陡产生裂缝或岸坡中有强透水层，就有可能造成集中渗流，引起变形和漏水，威胁大坝的安全和蓄水效益。

绕坝渗流的测点布置要符合下列要求：

（1）绕坝渗流水位孔的布置宜根据地形、枢纽布置、工程地质及水文条件、排渗设施、绕坝渗流区渗透特性（地下水类型、岩体透水性、岩体卸荷特性、断层分布等）及渗流计算成果综合考虑，测点布设以观测成果能绘出绕坝渗流水位线为前提。通常在两岸的帷幕端、帷幕后沿着渗流可能较集中的透水层布设，至少布设两排监测断面，每排不少于 3 个观测孔。帷幕前可布设少量观测孔，孔底深入到强透水层及筑坝前原始的地下水位以下，埋设测压管或安装渗压计进行监测。

（2）对于层状渗流，利用不同高程上的平洞布设测压管；无平洞时，至枯水期天然地下水位以下 1m 以上，孔内安装测压管或渗压计。多个含水层部位的地下水位监测，可在一个钻孔内埋设多管式测压管，或安装多个渗压计，或采用单孔单管分层渗压计，必须备好上下两个测点间的隔水设施，防止层间水互相贯通。例如，小湾水电站右岸坝后岸坡表面各级马道布置 5 个双管式水位孔，1060.00～1245.00m 高程边坡排水支洞布置 2 个双管式水位孔，分层监测边坡入渗和坝基绕渗。

2.3.5　应力应变及温度监测

2.3.5.1　坝体应力应变监测

在布设应力应变监测项目时，工程建设单位应对仪器埋设部位相同混凝土的弹性模量、泊松比、徐变、自生体积变形、线膨胀系数等性能进行物理力学试验。结合拱坝应变计组实测资料和试验数据，才能计算拱坝的应力状态，分析其发展过程；利用无应力计测值对混凝土线膨胀系数进行反演，从而获得高拱坝关键部位的实测应变、关键部位应力的变化规律。实测资料的计算结果、拱梁分载法计算结果、有限元计算结果相互对比，可为拱坝运行的安全性评估提供依据。

1. 监测断面的确定

基于拱坝是一个超静定的空间壳体结构，在外部荷载变化时，坝体变形和应力具有很强的自身调节能力，拱坝的应力应变监测必须构成一个整体体系，以监测不同工况下拱坝应力的分布、变化特征。应力应变和温度监测断面通常与渗流监测、变形监测断面相结合。拉西瓦等水电站应力应变监测主断面包括"六拱五梁""三拱五梁""五拱五梁"等几种。

2. 应变计（组）测点布设

在拱坝受力特点比较明确的部位，沿受力方向布设单向应变计；拱坝受力特性复杂部位，应在拱梁体系节点处布设空间应变计组。

应变计组的数量和方向根据应力状态而定。空间力状态时应布设四向至九向应变计组，主应力方向明确的部位可布置单向或两向应变计组。拉西瓦等水电站布设的应力计包括单向应变计组、五向应变计组、七向应变计组、九向应变计组等。

应变计组距坝面不宜小于 1m，测点距基岩开挖面应大于 3m，必要时可在混凝土与基岩结合面附近布设测点。若坝体有诱导缝，宜在诱导缝部位沿缝面布置压应力计，以监测诱导缝的缝面受力情况，并与缝面测缝计、渗压计和周边应力应变监测进行对比分析。根据计算成果，在应力应变监测拱梁体系对应的横缝面沿上、下游布置压应力计，近似直接监测拱向应力的变化；在梁向监测断面的不同高程分别距上游和下游坝面 3～5m 的坝体混凝土内布置承压面为水平向的压应力计，近似直接监测梁向应力的变化。

每一应变计组旁 1.0～1.5m 处布设 1 支无应力计。无应力计与相应的应变计组距坝面的距离应相同。无应力计筒内的混凝土与相应的应变计组旁的混凝土相同。无应力计的筒口应向上，当温度梯度较大时，无应力计轴线应尽量与等温面正交。

2.3.5.2　坝基应力应变监测

为了承受拱端强大的推力，支撑拱的两岸坝基和地基应力须满足更高的要求。由于混凝土的抗压强度较高，拱坝断面设计常受拉应力控制，拉应力较大部位在蓄水期大多位于拱冠梁坝基上游面，拉应力是否超过允许指标需要通过监测数据来判断。因此，拱推力和坝基应力监测十分必要。

1. 监测断面及测点布置原则

坝基或拱推力应力监测断面应与坝体位移等其他监测断面对应。在坝基岩体有地质缺陷（断层破碎带、岩溶、软弱结构等）的部位、应力较大的坝基以及陡坡坝段，应加密布置测点。

2. 仪器布置

坝基应力监测一般在拱坝的坝踵和坝趾布设测点。拉西瓦等拱坝在坝基、推力墩和坝肩岩体之间均布置了一定数量的压应力计。压应力计和其他仪器应保持 0.6~1.0m 的距离。拱座应力应变监测应满足监测平行拱座基岩面的剪应力和拱推力的需要，在拱推力方向布设单向应变计或压应力计。

对高地应力区开挖后的高拱坝坝基或拱肩槽建基面岩体，应进行卸荷应变或应力释放监测，监测仪器可采用滑动测微计、基岩应变计、锚杆应力计等，测点应与变形测点相互验证、成组布置。小湾水电站在 15 号、29 号坝段坝踵和坝趾，9 号、35 号坝段坝趾布置沿坝面的单向钢筋计，与应变计组一同定性监测坝体混凝土应力变化情况。在 29 号坝段 1010.00m 高程下游混凝土内沿径向布置滑动测微计孔，监测坝体混凝土的应变分布情况。拉西瓦水电站在 11 号、12 号坝段建基面的上下游侧分别布置 1 支钢筋计，钢筋计布于基岩面上，一半在混凝土中，另一半在基岩中，以监测坝基接缝处的钢筋应力。

2.3.5.3　坝体温度监测

为分析施工期拱坝的温度场性态，控制施工过程中的温升、温降，防止温度裂缝，有必要对拱坝混凝土温度进行监测。温度监测仪器一般有温度计、测温光纤等。

1. 坝体温度测点布置

对于温控措施要求严格的某些特高拱坝来说，降温过程的温差控制要求小于 0.5℃/d，常规的差阻式应变计、测缝计等能监测温度的仪器因测温精度受限，测值已不能满足指导施工期温控的要求，宜专门布置温度计。

温度监测设置在前述重点监测坝段。坝体温度测点根据温度场的分布布设，拱座应力监测断面以能绘制坝体等温线为原则，按网格布置温度测点。在温度梯度较大的坝面或孔口附近，测点适当加密。拱坝横缝各灌区宜布置温度计。

采用 DTS（distributed temperature sensing，光纤温度传感系统）监测坝体温度时，光纤宜呈 S 形布置，转弯半径一般不小于 15cm。光纤长边宜径向布置，当与混凝土浇筑分块有冲突时，可调整方向，但径向光纤间距不宜大于平面上点式温度计的间距。同一条测温光纤在沿线距离不大于 10cm 的位置布置不宜少于 3 支点式温度计，以校核测温光纤温度监测成果。对于温度监测精度要求不高或温控措施要求不严部位的临时监测，可采用手持式红外温度计、水管闷温等监测设备和手段。

2. 导温系数监测布置

坝体温度场计算需要混凝土实测导温系数，一般可在典型坝体温度监测坝段中上部高程距坝面 1m 范围内连续布置多支温度计，测点布置外密内疏，监测混凝土不同深度的温度，计算混凝土导温系数。

3. 外界温度对坝体影响深度的监测布置

相关实测和计算等研究成果表明，外界环境气温和水温一般对坝体影响的深度约为

10m。在坝体上、下游表面 10m 范围内布置 2～3 支温度计,第 1 支温度计可在距上游 5～10cm 的坝体混凝土内布设,其余测点外密内疏布设。

当拱坝两岸日照温差较大时,进行受日照影响的混凝土温度监测。在重点监测断面及两岸拱座距下游坝面 5～10cm 的坝体混凝土内沿高程布置坝面温度测点,间距一般为 1/8～1/5 的坝高。小湾水电站因拱坝轴线基本呈东西走向,早晚日照温差变化较大,故在 15 号、29 号坝段 1075.00m 高程距下游面 10cm 布置温度计,监测混凝土表面受日照气温的影响。

2.3.5.4 坝基温度监测

坝基温度测点布设在温度监测断面的底部,靠近坝踵和坝趾处各设置 1 个深 5～20m 的铅直钻孔,在孔内不同深度布置测点,并用水泥砂浆回填孔洞。当坝基存在地质缺陷、采取了处理措施、岩层有承压水等情况时,在相应岩层内钻孔布置温度测点。

2.3.6 特殊结构监测

2.3.6.1 两岸抗力体监测

由于特高拱坝地质条件复杂,巨大的荷载作用集中于坝肩,因此坝肩抗力岩体的稳定对特高拱坝的安全来说至关重要。坝肩地质缺陷可造成两岸岩体承载力不足、抗变形能力差,坝体变形过大。坝肩抗力体地质缺陷可采用混凝土垫座、软弱结构岩带(面)混凝土置换网格、抗剪传力洞及固结灌浆等加固处理措施进行处理。

二滩等特高拱坝对两岸抗力体的监测,是利用排水洞、置换洞等洞室布置监测仪器的方法实现的,监测项目以变形监测为主。抗力体监测包括以下几部分内容:

(1)利用横河向的洞室,布置引张线、铟钢丝位移计,监测顺河向、横河向水平位移。两端可采用垂线校核并提供工作基点。

(2)洞内布设多点变位计、收敛计、滑动测微计、水准点、测缝计等,监测洞室岩体局部变形情况。

(3)根据洞室支护情况,布设锚索测力计、锚杆应力计、钢筋计等监测应力。

(4)在洞内布置钻孔渗压计或测压管,监测抗力体渗流情况。如有洞塞回填结构,可布置适量仪器进行监测。

2.3.6.2 库盘变形监测

库盘变形实质上是由地球表面荷载变化引起的,地球重力场的变化引起重力异常和垂线偏差变化。研究水库蓄水对大坝的影响,除研究库盘变形对大坝的影响,还要研究垂线偏差变化对外部变形监测控制网等的影响。

库盘变形对大坝倾斜变形角度、坝基变形深度均存在一定程度的影响。针对水位高、库容大、库区地质条件复杂的特高拱坝,可监测库盘变形。

1. 监测内容和范围

坝址区库盘变形监测包含水平位移监测和垂直位移监测。一般情况下,外部变形监测控制网涵盖了坝前坝后一定范围,大坝两岸边坡变形一般会建立平面变形监测设施。从受力情况和实测成果分析,库盘变形监测以垂直位移监测为主。

库盘变形主要为水库水压作用下岩体的变形监测,目的主要为拱坝变形成果分析服务,故库盘变形监测的范围是坝址附近,且以上游库区为主。根据工程的实际情况,库盘变形监测布置范围，坝址上游宜在 3～15km，坝址下游宜在 1～3km。库区垂直位移监测点可根据变形梯度大小进行布设，库区变形梯度较小的部位测点可稀疏布置，间距可达 3～5km，大坝附近应加密布置，间距应为 50～100m。

2. 监测方法

垂直位移监测主要有水准测量、三角高程法、GNSS 技术、InSAR 技术等方法或技术。三角高程测量受到监测误差、大气折光和垂线偏差的影响，在拱坝修建的高山峡谷区达到三等水准精度比较困难。GNSS 测量虽具有全天候、无须通视等优点，但 GNSS 高程精度远低于平面精度，垂直位移测量精度较低。因此，水准测量是目前库盘变形监测较可靠的方法。

根据一些工程的实测结果，库盘变形的量值一般为几毫米至几厘米，以监测精度为变形量的 1/20～1/10 计算，宜采用一等水准网精度要求实施和测量。

库区及坝址区的垂直位移监测控制网应与库区的地震台网结合布设，需要对库盘监测精密水准测量进行重力异常改正或计算枢纽区天文大地垂线偏差变化时，可增加库区重力监测网。当工程同时布设有库坝区垂直位移监测控制网、库区地震台网、建筑物强震监测网、库区重力监测网时，应将它们结合布设，以满足后期分析需要。

由于库盘变形影响区域较大，因此基准点的选择非常重要。基准点应布设在工程影响区域较小的部位，且所有测点应采用同一基准点。当不具备采用同一基准点的条件时，可通过联测的方式换算成统一基准点。库区和坝址区垂直位移测点应建在基础长期稳固的位置，以保证测点长期的稳定性，能真实反映地层的变形。条件不具备时，垂直位移测点可采用深埋钢管标的方法布设。

2.3.6.3　诱导缝及周边缝监测

为改善拱坝受力情况，拱坝可能沿坝基、坝肩设置周边缝或沿坝体设置诱导缝，这些特殊部位接缝的工作性状应予以监测。

根据周边缝和诱导缝的工作特性，一般在缝面设置测缝计监测缝面张开和剪错变形；在缝面设置渗压计监测缝面渗压；在缝面设置压应力计监测缝面压应力。结合缝面变形、渗压和应力的分布和变化，综合分析周边缝和诱导缝的工作性态。

2.3.6.4　断层活动性监测

断层活动性监测是指对断层上、下盘张开和错动进行监测，必要时辅以断层渗水监测项目。断层活动性监测宜优先考虑利用地勘洞、排水洞、灌浆洞等，布置高精度、小量程多点变位计、铟钢丝位移计、倾角计、伸缩仪等，监测拉张和剪错（水平、垂直）变形，必要时可辅以地震测点。

第 3 章

大坝及基础变形时空规律分析

大坝安全监测资料分析是指对监测仪器采集到的数据和人工巡视观察到的情况进行整理、计算和分析，提取大坝所受环境荷载影响和结构效应信息，揭示大坝的真实性态并对其进行客观评价。

（1）分析大坝各效应监测量以及相应环境监测量随时间变化的情况，如周期性、趋势性、变化类型、发展速度、变化幅度、数值变化范围、特征值等。

（2）分析同类监测效应量在空间的分布状况，了解它们在不同坝高及上、下游部位等不同位置的特点和差异，掌握其分布规律和测点的代表性情况。

（3）分析监测效应量变化与有关环境因素的定性和定量关系，特别注意分析监测效应量有无时效变化、其趋势和速率如何、是在加速变化还是趋于稳定等。

本章以拉西瓦水电站拱坝为例，分析特高拱坝坝体及基础的变形性态。大坝安全监测资料分析一般包含以下 3 个方面内容：

3.1 垂线系统监测资料时空规律分析

3.1.1 垂线系统布置情况

拉西瓦水电站拱坝共布置 7 条垂线，分别位于 1 号（右坝肩）、4 号、7 号、11 号（拱冠）、16 号、19 号、22 号（左坝肩）坝段。拉西瓦水电站垂线安装埋设参数见表 3.1。

表 3.1　　　　　　　　拉西瓦水电站垂线安装埋设参数　　　　　　　　单位：m

组号	坝段	仪器类型	仪器编号	挂点高程	测点高程	测线长度
1	1号 （右坝肩）	正垂	PL1-1	2460.00	2405.00	55.00
			PL1-2	2405.00	2350.00	55.00
			PL1-3	2350.00	2295.00	55.00
			PL1-4	2295.00	2250.00	45.00
		倒垂	IP1	2250.00	2210.00	40.00

组号	坝段	仪器类型	仪器编号	挂点高程	测点高程	测线长度
2	4 号	正垂	PL2 - 1	2460.00	2405.00	55.00
			PL2 - 2	2405.00	2350.00	55.00
			PL2 - 3	2350.00	2295.00	55.00
			PL2 - 4	2295.00	2250.00	45.00
		倒垂	IP2	2250.00	2210.00	40.00
3	7 号	正垂	PL3 - 1	2460.00	2405.00	55.00
			PL3 - 2	2405.00	2350.00	55.00
			PL3 - 3	2350.00	2295.00	55.00
			PL3 - 4	2295.00	2250.00	45.00
		倒垂	IP3	2250.00	2170.00	80.00
4	11 号 （拱冠）	正垂	PL4 - 1	2460.00	2405.00	55.00
			PL4 - 2	2405.00	2350.00	55.00
			PL4 - 3	2350.00	2295.00	55.00
			PL4 - 4	2295.00	2250.00	45.00
			PL4 - 5	2250.00	2220.00	30.00
		倒垂	IP4 - 1	2220.00	2180.00	40.00
			IP4 - 2	2220.00	2160.00	60.00
			IP4 - 3	2220.00	2130.00	90.00
5	16 号	正垂	PL5 - 1	2460.00	2405.00	55.00
			PL5 - 2	2405.00	2350.00	55.00
			PL5 - 3	2350.00	2295.00	55.00
			PL5 - 4	2295.00	2250.00	45.00
		倒垂	IP5	2250.00	2170.00	80.00
6	19 号	正垂	PL6 - 1	2460.00	2405.00	55.00
			PL6 - 2	2405.00	2350.00	55.00
			PL6 - 3	2350.00	2295.00	55.00
			PL6 - 4	2295.00	2250.00	45.00
		倒垂	IP6	2250.00	2190.00	60.00
7	22 号 （左坝肩）	正垂	PL7 - 1	2460.00	2405.00	55.00
			PL7 - 2	2405.00	2350.00	55.00
			PL7 - 3	2350.00	2295.00	55.00
			PL7 - 4	2295.00	2250.00	45.00
		倒垂	IP7	2250.00	2210.00	40.00

3.1.2　水平位移时间分布规律分析

拉西瓦水电站拱冠水平位移与库水位、坝体表面温度相关变化过程线如图 3.1 所示[62]。

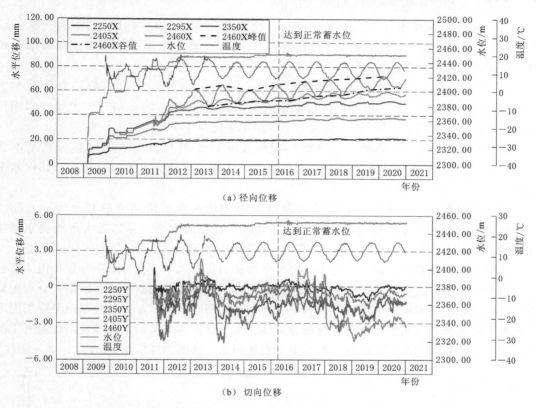

图 3.1　拉西瓦水电站拱冠水平位移与库水位、坝体表面温度相关变化过程线

X—径向；Y—切向；下同

由拱冠处水平位移变化过程可得到以下结论：

（1）库水位达到正常蓄水位后，大坝水平位移处于周期性变化状态。峰值基本出现在每年 2 月至 3 月中旬，属于温降工况；谷值基本出现在每年 9 月至 10 月中旬，属于温升工况。

（2）2350.00m 高程以下温度变化较小，水平位移周期性变化不显著；2350.00m 高程以上，高程越高水平位移周期性变化越显著，径向位移最大变幅发生在拱冠顶部，年变幅约为 10.5mm，切向位移最大变幅发生在左 1/3 拱坝顶，年变幅约为 5.5mm，拱冠稳定。

（3）根据坝体水平位移长序列变化趋势，库水位达到正常蓄水位 7 年后，拱冠顶部水平位移出现收敛现象，位移峰值、谷值趋于稳定。拉西瓦拱坝变形整体稳定。

3.1.3　水平位移空间分布规律分析

库水位稳定在正常蓄水位 2452.00m 后，选取运行时段内温降、温升两种典型工况进行分析。

工况 1：2020 年 2 月 27 日，温降工况＋2451.08m 水位。

工况 2：2020 年 8 月 14 日，温升工况＋2450.44m 水位。

根据水平位移实测数据可得出以下结论：

（1）两岸坝肩岩体（1 号和 7 号垂线）径向和切向水平位移分量基本为－3.88～4.99mm，高高程水平位移量值大于低高程，且同一高程切向水平位移大于径向水平位移；两岸坝肩水平位移测值较小，两岸坝肩稳定性良好。

（2）1/4 拱部位（2 号和 6 号垂线）坝体及基础径向和切向水平位移分量基本为－19.43～26.96mm，高高程水平位移量值大于低高程，2350.00m 高程以上径向水平位移大于切向水平位移，2350.00m 高程以下径向水平位移小于切向水平位移。

（3）1/3 拱部位（3 号和 5 号垂线）坝体及基础径向和切向水平位移分量基本为－28.18～61.04mm，高高程水平位移量值大于低高程，且径向水平位移远大于切向水平位移。

（4）拱冠部位（4 号垂线）坝体及基础径向和切向水平位移分量基本为－4.68～73.38mm，高高程水平位移量值总体大于低高程，且径向水平位移远远大于切向水平位移，最大径向水平位移为 73.38mm，发生在拱冠坝顶高程。

不同高程拱圈温降、温升工况下径向水平位移和切向水平位移分布图分别如图 3.2 和图 3.3 所示，坝体及基础温降、温升工况下径向水平位移和切向水平位移随高程分布图如图 3.4 所示，不同库水位下拱冠部位水平位移分布如图 3.5 所示，大坝及基础温降工况下径向水平位移和切向水平位移等值线图分别如图 3.6 和图 3.7 所示，大坝及基础温升工况下径向水平位移和切向水平位移等值线图分别如图 3.8 和图 3.9 所示。

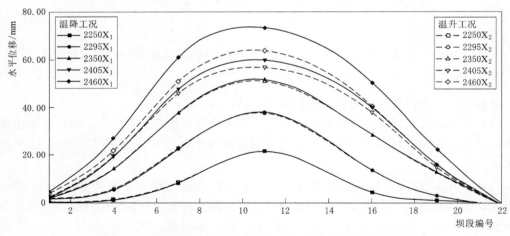

图 3.2　不同高程拱圈温降、温升工况下径向水平位移分布图

根据不同高程拱圈径向水平位移分布图可得到以下结论：

（1）拱坝各高程拱圈变形对称性良好，拱圈变形协调性较好。3 号和 5 号垂线由于初值选取时间存在差异，径向水平位移量差值最大为 10.50mm，切向水平位移量差值最大为 6.22mm；1 号和 7 号垂线径向水平位移量差值最大为 4.53mm，切向水平位移量差值最大为 0.81mm；2 号和 6 号垂线径向水平位移量差值最大为 5.98mm，切向水平位移量

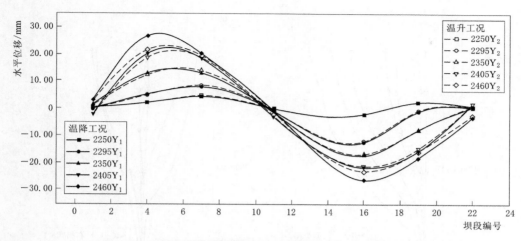

图 3.3　不同高程拱圈温降、温升工况下切向水平位移分布图

差值最大为 8.45mm。

（2）温降与温升工况下，径向水平位移最大变化量为 10.21mm，发生在右岸 1/3 拱（7 号坝段）2460.00m 高程；切向水平位移最大变化量为 5.18mm，发生在右岸 1/4 拱（4 号坝段）坝顶高程；拱坝在不同工况下的水平位移变化量适中，且变形区域主要集中在拱冠和两岸 1/3 拱的 2350.00m 高程以上部位，尤其是 2405.00m 高程更明显。

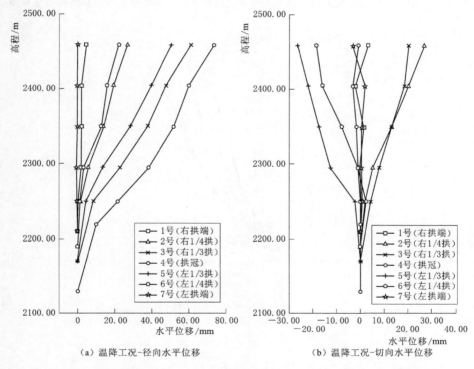

（a）温降工况-径向水平位移　　　　　　　（b）温降工况-切向水平位移

图 3.4（一）　坝体及基础温降、温升工况下径向水平位移和切向水平位移随高程分布图

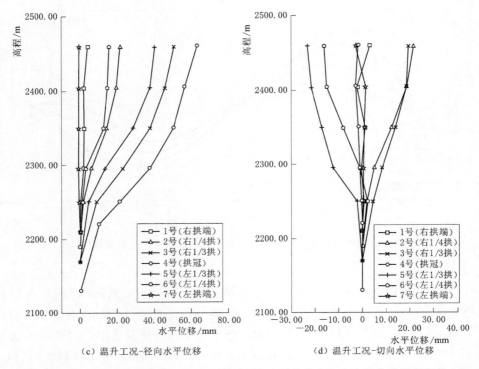

（c）温升工况-径向水平位移　　　　　　（d）温升工况-切向水平位移

图 3.4（二）　坝体及基础温降、温升工况下径向水平位移和切向水平位移随高程分布图

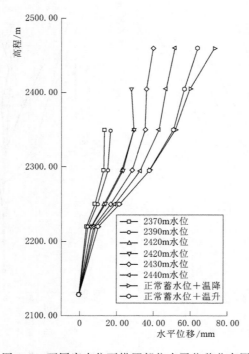

图 3.5　不同库水位下拱冠部位水平位移分布图

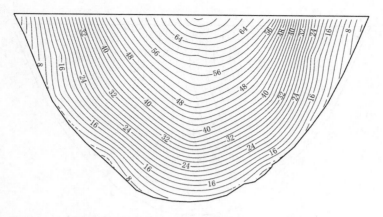

图 3.6　大坝及基础温降工况下径向水平位移等值线图（单位：mm）

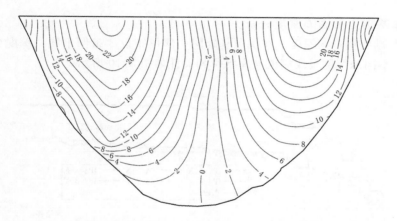

图 3.7　大坝及基础温降工况下切向水平位移等值线图（单位：mm）

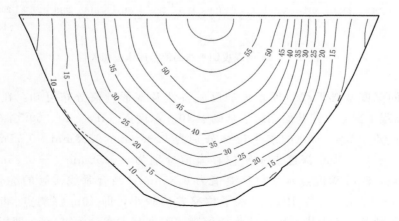

图 3.8　大坝及基础温升工况下径向水平位移等值线图（单位：mm）

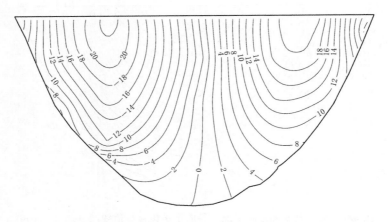

图 3.9　大坝及基础温升工况下切向水平位移等值线图（单位：mm）

3.1.4　坝体基础变形影响深度分析

为分析基础变形影响深度，在拱冠基础同一部位布设 3 条倒垂线，深度分别为 40m、60m、90m。不同深度倒垂线测值与库水位相关性如图 3.10 所示。

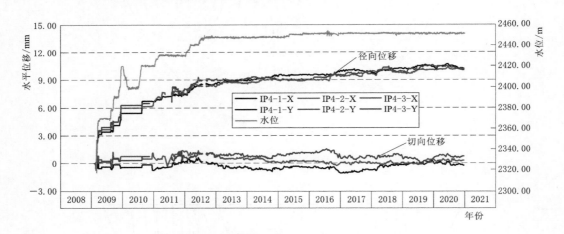

图 3.10　不同深度倒垂线测值与库水位相关性

根据不同深度基础垂线对库水位的反应特性及变形量值分布可知：在正常蓄水位 2452.00m 高程工况下，建基面相对于基础下 40m 深度点（IP4-1）、60m 深度点（IP4-2）、90m 深度点（IP4-3）的水平位移分别为 9.96mm、9.38mm、9.71mm。相对于 40m 深度点，60m、90m 深度点水平位移差值分别为 -0.58mm、-0.25mm；相对于 60m 深度测点，90m 深度点水平位移差值为 0.33mm；结合垂线实际的综合测量精度，可以认为 IP4-1、IP4-2、IP4-3 水平位移差值较小，即 40m 深测点、60m 深测点、90m 深测点测值基本无差别。因此认为变形影响深度基本在 40m 左右，即影响深度基本在 2180.00m 高程上下。

3.1.5 坝体变形对称性分析

利用增量法分析 3 号垂线和 5 号垂线的对称性。3 号垂线和 5 号垂线在 2350.00m 高程均以 2009 年 3 月 28 日为基准值进行对比分析，2405.00m、2460.00m 高程则分别按照投入运行后的 2010 年 3 月 26 日和 2011 年 12 月 11 日为基准值进行对比分析。3 号垂线与 5 号垂线径向水平位移增量差值变化过程如图 3.11 所示。

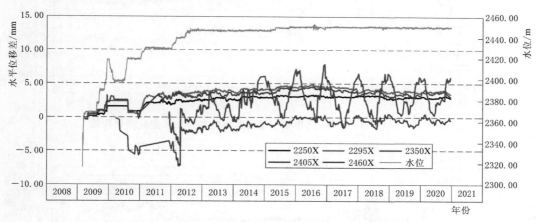

图 3.11 3 号垂线与 5 号垂线径向水平位移增量差值变化过程

由该过程线可得到以下结论：

（1）3 号垂线与 5 号垂线径向水平位移增量差值并非定值，2350.00m 高程以下部位差值相对较小且变化相对稳定，2250.00m、2295.00m、2350.00m 高程径向水平位移差值基本在 3mm、4mm、5mm 左右，2405.00m、2460.00m 高程径向水平位移差值呈现周期性波动变化，2405.00m 高程径向水平位移差值基本为 −2～0mm，2460.00m 高程径向水平位移差值基本为 −4～8mm。

（2）通过增量法分析可知，3 号垂线和 5 号垂线的变形规律总体相似。受坝址处高山峡谷地形地貌及河道走向影响，左岸（北岸）受到日照的时间较长，右岸（南岸）基本受不到日照，因此左岸受温度影响更大，导致水平位移差值存在周期性波动，且规律性良好，这在一定程度上反映了拱坝变形具有良好的对称性和协调性。

3.1.6 基于垂线监测的拱圈弦长分析

将同一高程上不同垂线测点的水平位移换算为在两条垂线连线方向上的水平位移分量，可用于分析垂线测点间拱圈的弦长变化规律。利用垂线监测数据分别对 2405.00m、2460.00m 高程坝体拱圈弦长进行分析，拱坝 2405.00m 高程和坝顶 2460.00m 高程基于垂线监测的拱圈弦长变化量过程线分别如图 3.12 和图 3.13 所示。

由拱圈弦长变化量过程线可得到以下结论：

（1）坝体拱圈弦长变化量整体处于平稳状态，两岸坝肩部位弦长变化量小于 2mm；坝顶 1/4 拱部位弦长变化量周期性变化规律显著，年变幅约为 5mm；1/3 拱部位弦长变化处于坝肩和 1/4 拱部位弦长变化规律之间，整体变形规律较好，符合拱坝变形的一般规律。2405.00m 高程弦长变化规律与坝顶高程弦长类似，但规律性相对较弱。

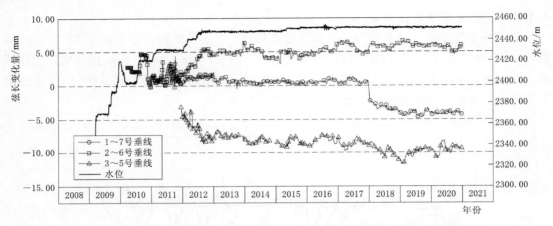

图 3.12   拱坝 2405.00m 高程基于垂线监测的拱圈弦长变化量过程线

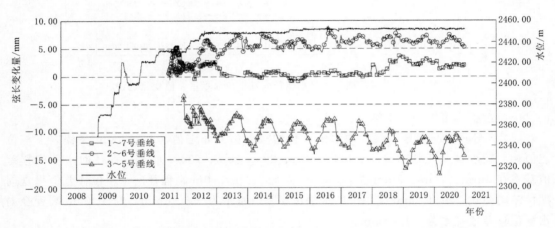

图 3.13   拱坝坝顶 2460.00m 高程基于垂线监测的拱圈弦长变化量过程线

（2）根据坝体拱圈弦长变化量监测序列变化趋势，库水位达到正常蓄水位 4 年后，基于垂线监测的拱圈弦长均有逐年缩短的趋势，平均每年缩短 0.74mm，仍未完全收敛。该现象与拱冠顶部径向水平位移相符。

3.1.7   基于垂线实测值的统计模型

根据拉西瓦水电站 4 号垂线径向水平位移建立统计模型，分析大坝垂线径向水平位移与其影响因子之间的关系。

1. 基本原理

已有的坝工知识和经验表明，大坝上任意点在 t 时刻的变形效应量主要受到上游水深（水压）、温度和时间效应因素的影响。因此监测统计模型主要由水压分量、温度分量和时效分量构成。模型的一般表达式为

$$y(t) = y_H(t) + y_T(t) + y_\theta(t) \tag{3.1}$$

式中：$y(t)$ 为监测效应量 y 在 t 时刻的统计估计值；$y_H(t)$、$y_T(t)$、$y_\theta(t)$ 分别为 $y(t)$ 的水压分量、温度分量和时效分量。

在选择各分量因子时，先根据工程实际和有关参考文献利用逐步回归分析法进行分量选择，再用所选分量对实测值进行多元回归分析。

（1）水压分量。混凝土拱坝受水平拱和悬臂梁的二向作用，水压分配在梁上的荷载呈非线性变化，水平位移受水压影响更为复杂。在对实测值进行逐步回归分析的基础上，根据工程力学及参考文献，水压作用引起的坝体任一点的水平位移 $y_H(t)$，一般用大坝上游水深的 4 次多项式表示，即

$$y_H(t) = a_0 + \sum_{i=1}^{4} a_i H^i(t) \tag{3.2}$$

式中：$y_H(t)$ 为 t 时刻的水压统计分量；$H(t) = (库水位 - 建基面高程)/100$；a_0 为回归常数，由回归分析确定；a_i 为回归系数，由回归分析确定；i 为 1~4。

（2）温度分量。拉西瓦水电站大坝坝体温度场采用多种谐波组合模拟的方法建立统计模型。坝体混凝土内任一点的温度都可以用周期函数表示，同时考虑温度位移与混凝土温度呈线性关系，因此选用多周期的谐波作为因子，表达式为

$$y_T(t) = \sum_{i=1}^{2} \left(b_{1i} \sin \frac{2\pi it}{365} + b_{2i} \sin \frac{2\pi it}{365} \right) \tag{3.3}$$

式中：t 为计算起始日期至观测日期的时间，以天计；b_{1i}、b_{2i} 为回归系数，由回归分析确定。

（3）时效分量。时效分量是指坝体混凝土和基岩的徐变、塑性变形，以及基岩地质构造的压缩变形等引起的不可逆位移。大量的理论研究和实例分析表明，时效分量的变化一般与时间呈曲线关系，可采用对数式、指数式、双曲线式、直线式等形式表示。通过对大坝变形规律进行分析，在对测值进行逐步回归分析的基础上，选择下列模式作为大坝的时效位移因子，表达式为

$$y_\theta(t) = c_1 Q(t) + c_2 \ln\theta(t) \tag{3.4}$$

式中：$y_\theta(t)$ 为 t 时刻的时效统计分量；$Q(t) = (t_1 - t_0)/100$，t_1 表示观测日期，t_0 表示起始日期；c_1、c_2 为回归系数，由回归分析确定。

（4）多元回归分析。多元回归是水工建筑物原型观测资料分析的常用方法。运用数学手段，在大量的统计资料中找出大坝垂线径向水平位移（效应量）与各种因子（水压、温度、时效）之间的统计相关性。

对线性回归方程进行最佳拟合，其表达式为

$$Y = B_0 + B_1 X_1 + B_2 X_2 + \cdots + B_i X_i + \varepsilon = B_0 + \sum_{i=1}^{k} B_i X_i + \varepsilon \tag{3.5}$$

式中：Y 为拟合方程的因变量；X_1、X_2、$\cdots$、X_k 为自变量；ε 为残差；B_0、$B_i(i=1,2,\cdots,k)$ 为拟合系数。

求出 B_0、B_i，建立预报量 Y 和自变量 X_1、X_2、$\cdots$、X_k 之间的数学表达式，即理论回归方程。然而，理论回归方程在实际工程问题中是不可能求得的。数理统计理论讨论的一切问题都基于抽样估计问题，即从母体资料中随机抽取部分子样为

$$X_{1t}, X_{2t}, \cdots, X_{kt}; y_t \quad t = 1, 2, \cdots, n; \quad n < N$$

式中：X_{1t}、X_{2t}、$\cdots$、X_{kt} 为 t 时刻下自变量 X_1、X_2、$\cdots$、X_k 的值；y_t 为 t 时刻下因变量 Y 的值；N 为样本总量。

根据上述子样资料对母体数字特征和统计规律性进行估计，用 b_0，b_1，b_2，$\cdots$，b_k 作为 B_0，B_1，B_2，$\cdots$，B_k 的估计值，得到经验回归方程为

$$\varepsilon_t \sim N(0,\sigma^2) \quad \hat{y} = b_0 + \sum_{i=1}^{k} b_i x_i \tag{3.6}$$

式中：ε_t 为 t 时刻下的估计误差；$\hat{y}$ 为回归计算值；b_0，b_1，b_2，$\cdots$，b_k 为 B_0，B_1，B_2，$\cdots$，B_k 的估计值；x_i 为自变量。

在进行回归分析时，有以下 3 个基本假定：

1）误差 ε 没有系统性，ε_t 的数学期望全为 0。

2）每次观测相互独立，并有相同的精度，ε_t 之间的协方差表示为

$$\mathrm{COV}(\varepsilon_i,\varepsilon_j) = \begin{cases} 0 & i \neq j \\ \sigma^2 & i = j \end{cases} \tag{3.7}$$

式中：ε_i、ε_j 为不同时刻下的估计误差；$\mathrm{COV}(\varepsilon_i,\varepsilon_j)$ 为两者的协方差；σ 为 ε_i 或 ε_j 的标准差。

3）观测误差呈正态分布，即 $\varepsilon_t \sim N(0,\sigma^2)$。

2. 模型建立

拉西瓦水电站大坝径向水平位移统计模型为

$$y(t) = y_H(t) + y_T(t) + y_\theta(t)$$

$$= a_0 + a_1 H + a_2 H^2 + a_3 H^3 + a_4 H^4 + b_{11}\sin\frac{2\pi t}{365} + b_{12}\sin\frac{4\pi t}{365}$$

$$+ b_{21}\cos\frac{2\pi t}{365} + b_{22}\cos\frac{4\pi t}{365} + c_1\theta(t) + c_2\ln\theta(t) \tag{3.8}$$

选取 4 号垂线 2009 年 9 月 3 日至 2020 年 12 月 31 日垂线径向水平位移测值，进行统计回归分析，求得各测点统计模型系数及复相关系数（表 3.2），统计模型各测点实测拟合值及残差值变化过程线如图 3.14 所示。

表 3.2　　　　　　　　　　4 号垂线各测点统计模型系数及复相关系数

系数	复 相 关 系 数					
	IP4 - X	PL4 - 1 - X	PL4 - 2 - X	PL4 - 3 - X	PL4 - 4 - X	PL4 - 5 - X
a_0	9.64E+00	8.16E+01	5.86E+01	6.73E+01	3.01E+01	1.81E+01
a_1	−7.84E−01	0.00E+00	5.31E+02	0.00E+00	−1.93E+00	−1.19E+00
a_2	3.84E−03	0.00E+00	−3.84E+00	0.00E+00	9.25E−03	5.74E−03
a_3	−5.08E−06	0.00E+00	1.23E−02	0.00E+00	−1.15E−05	−7.31E−06
a_4	−3.16E−09	0.00E+00	−1.47E−05	0.00E+00	−7.28E−09	−4.59E−09
b_{11}	1.76E−01	−3.25E+00	5.97E−01	0.00E+00	6.25E−01	4.04E−01
b_{12}	1.98E−01	−4.37E+00	2.71E+00	2.47E+00	1.00E+00	5.18E−01
b_{21}	5.51E−02	0.00E+00	2.40E−01	0.00E+00	1.07E−01	1.43E−01
b_{22}	6.97E−02	1.06E+00	0.00E+00	6.77E−01	0.00E+00	5.14E−02
c_1	1.44E−02	3.36E−01	4.43E−01	2.53E−01	7.07E−02	2.65E−02
c_2	8.89E−01	4.20E+00	8.45E−01	7.94E+00	3.27E+00	2.06E+00

续表

系数	复相关系数					
	IP4-X	PL4-1-X	PL4-2-X	PL4-3-X	PL4-4-X	PL4-5-X
R	9.88E−01	9.71E−01	9.89E−01	9.70E−01	9.88E−01	9.88E−01
S	3.20E−01	2.88E+00	1.91E+00	3.33E+00	1.35E+00	7.22E−01
F	5.04E+03	1.87E+03	3.89E+03	4.52E+03	5.57E+03	5.03E+03
Q	1.21E+02	4.71E+03	2.92E+03	1.32E+04	2.18E+03	6.19E+02

选取不同高程典型测点 PL4-1（2460.00m 高程）、PL4-3（2295.00m 高程），分别计算各年份不同影响因子分量的占比（表 3.3 和表 3.4）。

从表 3.3、表 3.4 可以看出，坝顶 2460.00m 高程测点 PL4-1 径向水平位移主要受温度影响，占比基本在 85% 以上，水压对坝基径向水平位移几乎没有影响。2295.00m 高程测点 PL4-4 主要受水压因子影响，占比约为 75%，温度因子和时效因子占比较小。建立的统计模型复相关系数均在 0.97 以上，表明统计模型拟合效果较好，分离出的各影响因子占比能较好地表现出坝体径向水平位移各影响因素的占比。

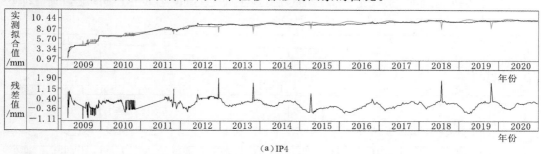

（a）IP4

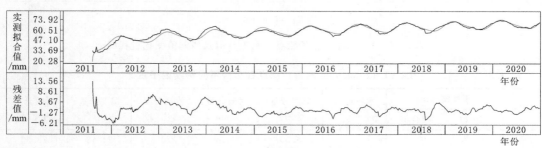

（b）PL4-1

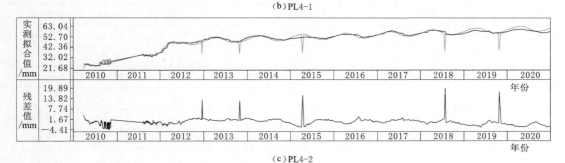

（c）PL4-2

图 3.14（一）　统计模型各测点实测拟合值及残差值变化过程线

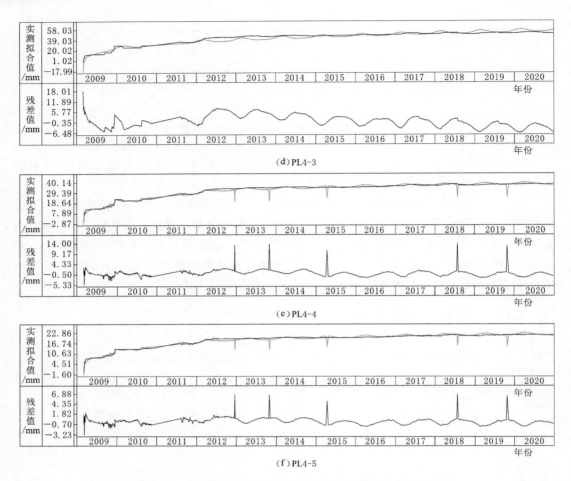

图 3.14（二）　统计模型各测点实测拟合值及残差值变化过程线

表 3.3　　　　　PL4-1（2460.00m 高程）测点各年份不同影响因子占比

年份	年变幅/mm		水压分量 /mm	温度分量 /mm	时效分量 /mm	水压分量 占比/%	温度分量 占比/%	时效分量 占比/%
	实测值	拟合值						
2011	9.77	25.92	0	6.33	19.59	0	24.42	75.58
2012	14.08	7.93	0	5.12	2.81	0	64.61	35.39
2013	14.87	9.51	0	7.34	2.17	0	77.16	22.84
2014	15.08	9.96	0	8.09	1.86	0	81.27	18.73
2015	8.94	10.17	0	8.52	1.64	0	83.85	16.15
2016	13.17	10.29	0	8.77	1.52	0	85.23	14.77
2017	12.71	10.29	0	8.86	1.43	0	86.08	13.92
2018	13.11	10.46	0	9.08	1.38	0	86.79	13.21
2019	9.82	10.46	0	9.12	1.33	0	87.25	12.75
2020	9.56	10.55	0	9.25	1.30	0	87.66	12.34

表 3.4　　　　　PL4-4（2295.00m 高程）测点各年份不同影响因子占比

年份	年变幅/mm		水压分量/mm	温度分量/mm	时效分量/mm	水压分量占比/%	温度分量占比/%	时效分量占比/%
	实测值	拟合值						
2009	23.15	25.67	6.90	0.56	16.67	26.89	8.15	64.96
2010	1.79	3.82	1.72	0.46	1.08	44.97	26.67	28.36
2011	1.58	2.25	1.09	0.35	0.43	48.40	32.42	19.18
2012	5.37	12.48	9.67	1.44	0.949	77.48	14.91	7.61
2013	1.14	13.91	10.94	1.65	0.876	78.62	15.08	6.30
2014	0.89	2.00	1.34	0.11	0.50	66.69	8.46	24.85
2015	0.39	12.38	9.95	1.49	0.58	80.39	14.92	4.69
2016	1.49	2.05	1.52	0.10	0.39	74.23	6.75	19.02
2017	1.49	2.20	1.66	0.08	0.4343	75.21	5.08	19.71
2018	1.89	14.46	11.74	1.77	0.536	81.20	15.09	3.71
2019	1.24	14.71	11.99	1.80	0.5143	81.46	15.04	3.50
2020	1.00	2.29	1.76	0.11	0.3885	76.78	6.28	16.94

3.2　弦线监测资料时空规律分析

3.2.1　弦线布置情况

弦线测点共布置 3 层，分别布置在 2350.00m、2405.00m、2460.00m 高程的坝体下游侧，其中 2350.00m 高程共布置 6 个测点，2405.00m 高程共布置 8 个测点，坝顶 2460.00m 高程共布置 22 个测点。弦线测值为正值表示弦线变长，负值表示弦线变短。坝体 2405.00m 高程弦线布置示意图如图 3.15 所示。

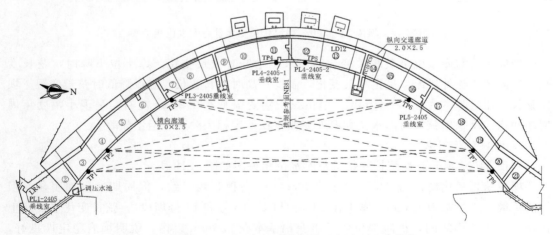

图 3.15　坝体 2405.00m 高程弦线布置示意图（尺寸单位：m）

3.2.2　弦线时间分布规律分析

1. 坝体弦长测点

坝体 2350.00m、2405.00m 高程弦长变化量与库水位相关图分别如图 3.16 和图 3.17 所示。

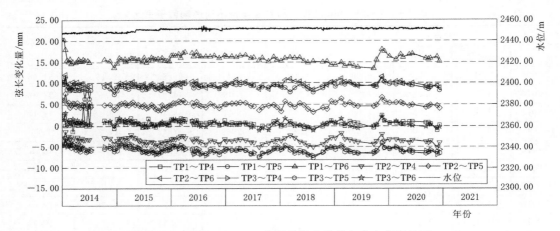

图 3.16　坝体 2350.00m 高程弦长变化量与库水位相关图

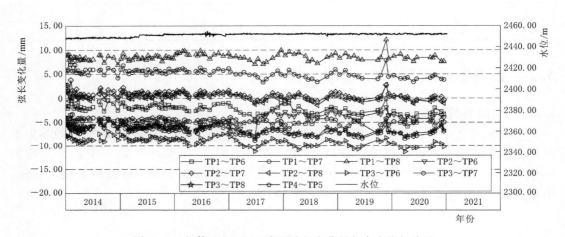

图 3.17　坝体 2405.00m 高程弦长变化量与库水位相关图

坝体弦长与库水位呈负相关变化，库水位抬升时弦长变短，库水位下降时，弦长变长；坝体弦长与外界温度呈正相关变化，温度升高时弦长变长，温度降低时弦长变短。坝体弦长变化量基本为 −12～20mm，单条弦长年变幅基本在 3mm 左右，呈现小幅度年周期性变化，反映出弦长与库水位和温度变化存在一定相关关系，但不显著。

2. 坝顶弦长测点

坝顶 2460.00m 高程弦长变化量与库水位相关图如图 3.18 所示。

坝顶弦长变化规律与 2350.00m、2405.00m 高程弦线一致，但周期性更加明显。坝顶弦长最大年变幅为 12mm，发生在 TP6～TP17（6 号和 17 号坝段）；弦长变化主要发生在左、右 1/3 拱之间，拱座部位弦长年变幅基本在 2.5mm 以内，说明坝肩稳定性良好，坝顶弦长变化符合一般规律。

3.2.3　弦线与垂线监测成果对比分析

对比坝顶 2460.00m 高程 3 条垂线，监测成果如下：

弦线 1：1～7 号垂线、TP1～TP22（1～22 号坝段）。

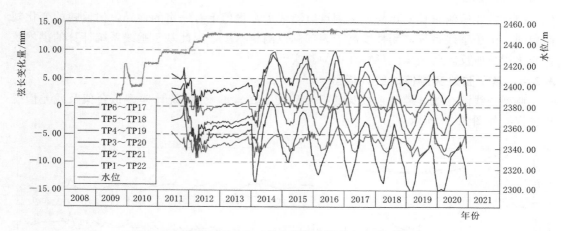

图 3.18　坝顶 2460.00m 高程弦长变化量与库水位相关图

弦线 2：2～6 号垂线、TP4～TP19（4～19 号坝段）。

弦线 3：3～5 号垂线、TP6～TP17（7～16 号坝段）。

坝顶 2460.00 高程基于垂线监测与表部测点监测弦长变化过程线如图 3.19 所示。

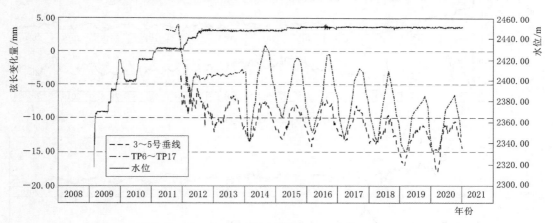

图 3.19　坝顶 2460.00m 高程基于垂线监测与表部测点监测弦长变化过程线

拱坝弦长的变化真实地反映了坝体的变形特性，具体结论如下：

（1）拱坝弦长与库水位相关性显著，库水位抬升时，拱端部位弦线（弦线 1）变化不明显，1/4 拱弦线（弦线 2）呈现一定的伸长，1/3 拱弦线（弦线 3）呈现较为明显的缩短。拱坝弦长与外界温度也呈显著的相关性，当温度升高时，拱端部位弦线变化不明显，1/4 拱弦线呈现一定的伸长，1/3 拱弦线也呈现较为明显的伸长。

（2）从拱圈变化敏感性的角度分析，拱端部位弦线较为稳定，受水位和温度变化影响都较小；1/3 拱弦线变化幅度大于 1/4 拱弦线。

（3）从不同高程分析，坝顶拱圈变形幅度最大，向下依次减小，多呈年周期性变化规律，变幅基本在 12mm 以内。弦长整体呈现逐年缩短的趋势，年均缩短约 1.5mm，与大坝垂线系统监测成果一致。

（4）垂线监测弦长变化与表部测点监测成果在量值上有一定的差异，但反映的变化规律相同。由于垂线系统监测精度高于表部测点测量精度，因此基于垂线系统计算的拱坝弦长变化规律所反映的坝体变形特性更为真实。

3.2.4　基于弦线实测值的统计模型

典型弦线测点统计模型系数及复相关系数见表 3.5，弦线统计模型拟合值及残差值变化过程线如图 3.20 所示。

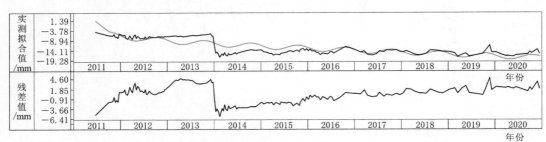

（a）TP1-TP22（2460.00m高程）

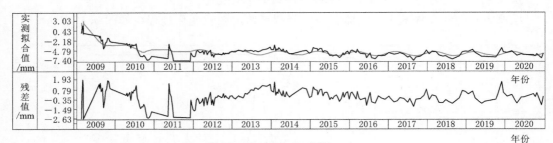

（b）TP3-TP4（2350.00m高程）

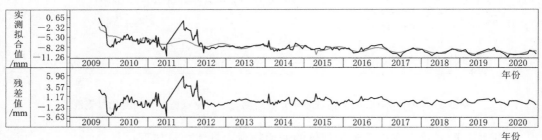

（c）TP3-TP6（2405.00m高程）

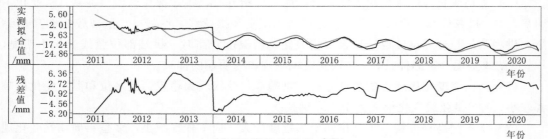

（d）TP4-TP19（2460.00m高程）

图 3.20（一）　弦线统计模型拟合值及残差值变化过程线

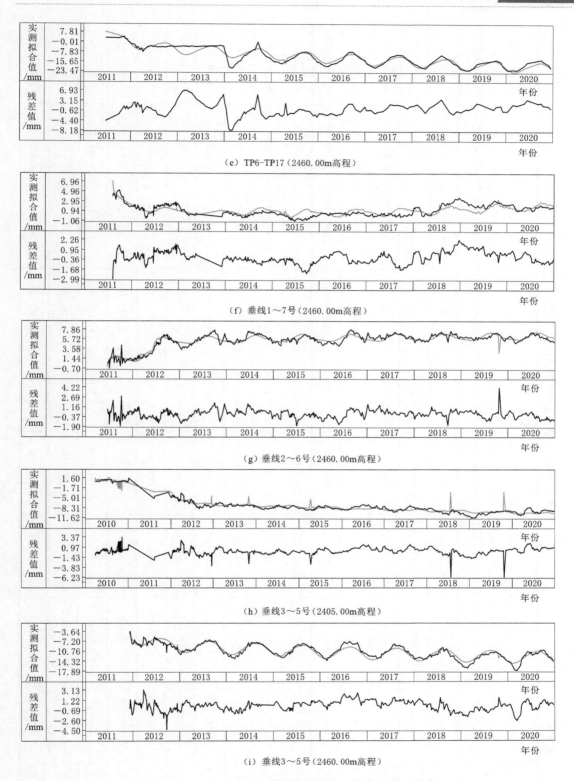

（e）TP6-TP17（2460.00m高程）

（f）垂线1～7号（2460.00m高程）

（g）垂线2～6号（2460.00m高程）

（h）垂线3～5号（2405.00m高程）

（i）垂线3～5号（2460.00m高程）

图 3.20（二） 弦线统计模型拟合值及残差值变化过程线

表 3.5　　典型弦线测点统计模型系数及复相关系数

系数	TP1~TP22 (2460.00m高程)	TP3~TP4 (2350.00m高程)	TP3~TP6 (2405.00m高程)	TP4~TP19 (2460.00m高程)	TP6~TP17 (2460.00m高程)	垂线1~7号 (2460.00m高程)	垂线2~6号 (2460.00m高程)	垂线3~5号 (2405.00m高程)	垂线3~5号 (2460.00m高程)
a_0	-2.86E+01	-5.00E+00	-9.13E+00	-3.89E+01	-3.27E+01	7.58E+00	3.77E+00	-6.66E+00	-1.64E+01
a_1	0.00E+00	-9.75E-02	-3.50E-02	0.00E+00	0.00E+00	0.00E+00	0.00E+00	0.00E+00	0.00E+00
a_2	0.00E+00	1.70E-04	0.00E+00	0.00E+00	0.00E+00	-2.14E-01	-5.39E-01	6.76E-02	0.00E+00
a_3	0.00E+00	9.78E-08	7.62E-09	0.00E+00	0.00E+00	1.25E-03	3.12E-03	-4.14E-04	0.00E+00
a_4	0.00E+00	0.00E+00	0.00E+00	0.00E+00	-3.18E-09	-2.05E-06	-5.06E-06	7.07E-07	-1.83E-09
b_{11}	1.28E+00	1.54E-01	5.51E-01	3.22E+00	4.01E+00	6.02E-01	6.64E-01	0.00E+00	-2.05E+00
b_{12}	-6.47E-01	5.27E-01	3.98E-01	0.00E+00	5.21E-01	1.22E-01	3.09E-01	-2.44E-01	-8.26E-01
b_{21}	0.00E+00	0.00E+00	0.00E+00	-5.87E-01	-5.90E-01	1.89E-01	1.78E-01	2.00E-01	-1.47E-01
b_{22}	0.00E+00	0.00E+00	0.00E+00	0.00E+00	0.00E+00	9.90E-02	0.00E+00	0.00E+00	0.00E+00
c_1	-2.27E-01	2.43E-02	-5.69E-02	-4.05E-01	-4.07E-01	1.29E-01	1.64E-02	-8.90E-02	-8.97E-02
c_2	-1.56E+00	-1.04E+00	-3.93E-01	-1.77E-01	-1.30E-01	-9.70E-01	3.24E-01	-2.09E-01	-6.74E-01
R	8.15E-01	8.64E-01	8.09E+00	8.74E-01	9.06E-01	8.45E-01	9.55E-01	9.83E-01	9.27E-01
S	2.57E+00	8.90E-01	1.29E+00	3.19E+00	2.91E+00	8.02E-01	6.86E-01	8.18E-01	9.73E-01
F	8.92E+01	9.56E+01	6.44E+01	1.45E+02	1.36E+02	1.53E+02	8.11E+02	2.95E+03	4.43E+02
Q	1.19E+03	1.80E+02	3.94E+02	1.83E+03	1.51E+03	3.54E+02	2.94E+02	4.88E+02	4.15E+02

复相关系数

垂线 3～5 号弦线测点各年份不同影响因子占比见表 3.6。

表 3.6　　　　　　　　　垂线 3～5 号弦线测点各年份不同影响因子占比

年份	年变幅/mm		水压分量/mm	温度分量/mm	时效分量/mm	水压分量占比/%	温度分量占比/%	时效分量占比/%
	实测值	拟合值						
2011	4.4886	2.5793	0.051	0.6153	1.9131	1.98	23.85	74.17
2012	5.6292	4.2015	0.8145	2.281	1.106	19.39	54.29	26.32
2013	5.3346	4.0796	0.2382	3.2803	0.5612	5.84	80.40	13.76
2014	5.9436	4.1227	0.1152	3.6214	0.3861	2.79	87.84	9.37
2015	5.098	3.9065	0.4783	3.0809	0.3473	12.24	78.87	8.89
2016	6.9125	4.2435	0.3367	3.542	0.3648	7.94	83.46	8.60
2017	5.2638	4.2028	0.116	3.7252	0.3616	2.76	88.64	8.60
2018	5.4469	4.1797	0.9554	2.9501	0.2741	22.86	70.58	6.56
2019	5.7869	4.2887	1.1342	2.8947	0.2598	26.45	67.49	6.06
2020	7.3925	4.28	0.1479	3.7988	0.3334	3.46	88.75	7.79

从表 3.6 中可以看出，坝体弦线长度时效因子占比总体上逐年减小，表明时效变形逐渐收敛。温度分量占据主导地位，2013 年以后，温度分量占比为 70％～90％，水压分量占比较小。

3.3　垂直位移监测资料时空规律分析

3.3.1　垂直位移测点布置情况

拉西瓦水电站大坝垂直位移监测采用精密水准法和静力水准法，其中大坝精密水准系统分别布设在 2250.00m、2295.00m、2460.00m 高程，静力水准监测系统则分别布置在 2250.00m、2295.00m、2350.00m、2405.00m 高程。垂直位移测点为正值表示向下变形，负值表示向上变形。

3.3.2　垂直位移时间分布规律分析

2250.00m 高程廊道各测点垂直位移基本为 −6～4mm，测值整体变化平稳，无趋势性的发展变化，年周期性变化不显著。坝体 2250.00m 高程廊道垂直位移变化过程线如图 3.21 所示。

2295.00m 高程廊道各测点垂直位移基本为 −6～2mm，测值整体变化平稳，年周期性变化不显著。坝体 2295.00m 高程廊道垂直位移变化过程线如图 3.22 所示。

2405.00m 高程廊道各测点垂直位移基本为 −4～2mm，测值整体变化平稳，呈现年周期性变化规律，每年 9 月中旬向上变形，3 月中旬向下变形或略微向上变形，最大年变幅在 2mm 左右。坝体 2405.00m 高程廊道垂直位移变化过程线如图 3.23 所示。

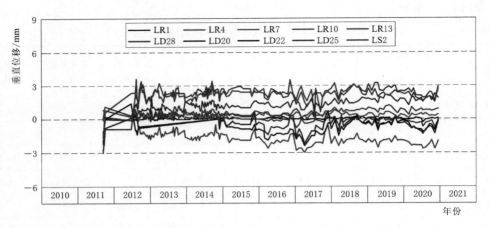

图 3.21　坝体 2250.00m 高程廊道垂直位移变化过程线

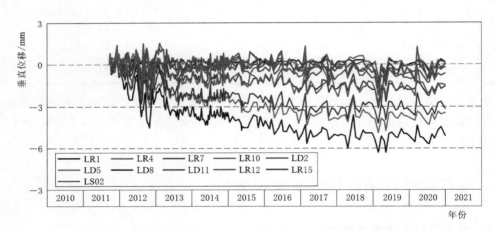

图 3.22　坝体 2295.00m 高程廊道垂直位移变化过程线

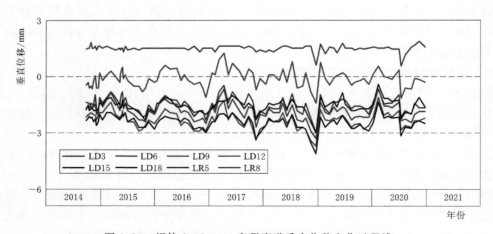

图 3.23　坝体 2405.00m 高程廊道垂直位移变化过程线

坝顶 2460.00m 高程各测点垂直位移基本为－10～2mm，变形主要受温度影响，年周期性变化显著，每年 9 月中旬向上变形，3 月中旬向下变形或略微向上变形，最大年变幅在 10mm 左右。坝顶 2460.00m 高程垂直位移变化过程线如图 3.24 所示。

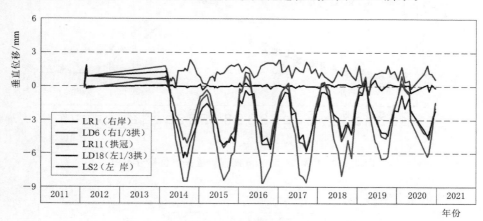

图 3.24　坝顶 2460.00m 高程垂直位移变化过程线

3.3.3　垂直位移空间分布规律分析

典型工况下基本呈现河床坝段垂直位移测点向上变形、两岸坝段垂直位移测点向下变形或轻微向上变形的现象。

大坝坝体主要表现为向上变形，变形量基本在 7mm 以内，随着高程的增加，温降、温升工况下大坝垂直位移差异较大。大坝河床部位变形大于岸坡部位，最大向上变形位置出现在拱冠偏左位置，与坝址区日照影响有关：受坝址处高山峡谷地形地貌及河道走向影响，左岸（北岸）受到日照的时间较长，右岸（南岸）基本受不到日照，因此左岸受温度影响更大，变形量也较大。

坝体两岸主要表现为向下变形或轻微向上变形，夏季垂直位移大于冬季，左岸垂直位移略大于右岸 1～2mm，温降、温升工况对两岸垂直位移影响较小。

坝体 2250.00m 高程、2295.00m 高程、2405.00m 高程廊道垂直位移分布图分别如图 3.25～图 3.27 所示，坝顶 2460.00m 高程垂直位移分布图如图 3.28 所示。

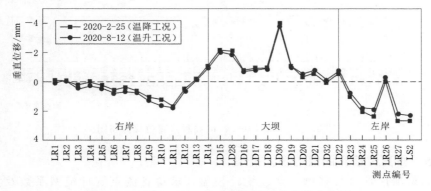

图 3.25　坝体 2250.00m 高程廊道垂直位移分布图

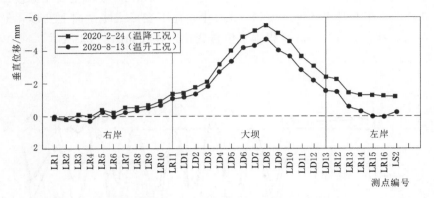

图 3.26　坝体 2295.00m 高程廊道垂直位移分布图

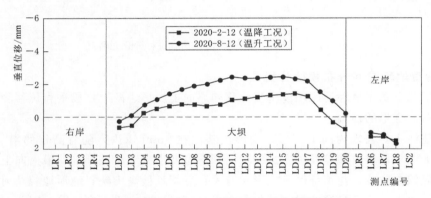

图 3.27　坝体 2405.00m 高程廊道垂直位移分布图

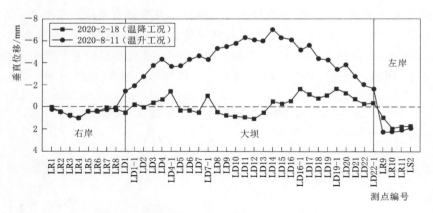

图 3.28　坝顶 2460.00m 高程垂直位移分布图

3.3.4　基于垂直位移实测值的统计模型

选取典型坝顶垂直位移测点建立统计模型，求得各测点统计模型系数及复相关系数（表 3.7），坝顶垂直位移统计模型拟合值及残差值变化过程线如图 3.29 所示。

表 3.7　　　　　　　　典型坝顶垂直位移测点统计模型系数及复相关系数

系数	复 相 关 系 数			
	LD1－2460	LD5－2460	LD11－2460	LD17－2460
a_0	−9.24E−01	1.71E−01	2.82E+00	1.34E+00
a_1	−1.12E+00	0.00E+00	0.00E+00	0.00E+00
a_2	0.00E+00	0.00E+00	0.00E+00	0.00E+00
a_3	0.00E+00	0.00E+00	0.00E+00	0.00E+00
a_4	2.23E−08	0.00E+00	0.00E+00	0.00E+00
b_{11}	4.24E−01	1.21E+00	1.64E+00	1.37E+00
b_{12}	9.96E−01	1.97E+00	3.84E+00	2.33E+00
b_{21}	0.00E+00	1.64E−01	2.44E−01	2.07E−01
b_{22}	1.59E−01	1.50E−01	2.35E−01	2.72E−01
c_1	−2.71E−02	0.00E+00	5.27E−02	5.57E−02
c_2	1.14E−01	0.00E+00	−2.05E−01	−4.48E−01
R	9.21E−01	9.67E−01	9.71E−01	9.36E−01
S	3.39E−01	4.51E−01	7.57E−01	7.85E−01
F	7.13E+01	3.28E+02	2.45E+02	1.06E+02
Q	1.02E+01	1.87E+01	5.16E+01	5.48E+01

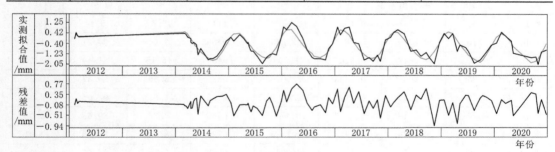

（a）LD1-2460

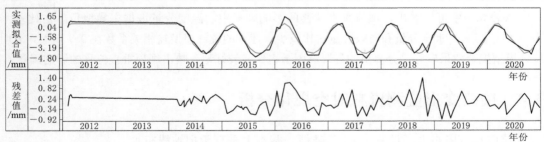

（b）LD5-2460

图 3.29（一）　坝顶垂直位移统计模型拟合值及残差值变化过程线

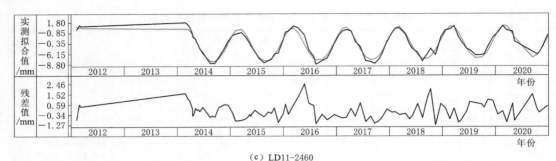

（c）LD11-2460

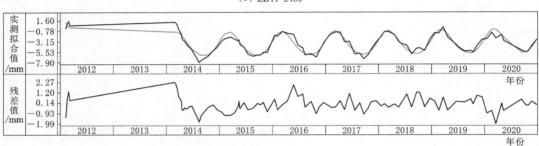

（d）LD17-2460

图 3.29（二） 坝顶垂直位移统计模型拟合值及残差值变化过程线

选取典型测点（LD1-2460），计算各年份不同影响因子分量的占比（表 3.8）。

表 3.8 LD01-2460 测点各年份不同影响因子占比

年份	年变幅/mm		水压分量/mm	温度分量/mm	时效分量/mm	水压分量占比/%	温度分量占比/%	时效分量占比/%
	实测值	拟合值						
2012	0.47	0.2274	0.1033	0.0124	0.1117	45.42	5.44	49.14
2014	2.10	2.2795	0.0841	2.1544	0.0409	3.69	94.51	1.80
2015	2.30	1.9612	0.3167	1.598	0.0464	16.15	81.49	2.36
2016	2.95	2.2099	0.1458	2.0016	0.0625	6.60	90.57	2.83
2017	2.70	2.2398	0.1114	2.0619	0.0666	4.97	92.06	2.97
2018	2.70	2.1649	0.1572	1.941	0.0667	7.26	89.66	3.08
2019	2.35	2.4079	0.1928	2.1425	0.0725	8.01	88.98	3.01
2020	2.55	2.2872	0.1171	2.0939	0.0762	5.12	91.55	3.33

从表 3.8 中可以看出，坝体垂直位移的影响因素中，温度分量占据主导地位，占比基本为 80%～95%，水压分量和时效分量占比较少。建立的统计模型复相关系数在 0.9 以上，表明统计模型拟合效果较好，分离出的各影响因子占比能较好地反映出坝顶垂直位移的影响因素。

3.4 接缝变形监测资料时空规律分析

拉西瓦水电站大坝设置了 21 条横缝，基本上垂直于坝轴线布置。

3.4.1 灌浆前接缝变形空间分布规律分析

选取 11 号、16 号和 7 号横缝作为典型横缝进行监测成果分析。

1. 11号横缝

11号横缝开合度最大值发生在2307.00m高程，距离建基面97m，位于坝体中下部。接缝灌浆前缝宽约为7mm，灌浆后缝宽在8mm范围内作周期性变化。

11号横缝各部位测缝计开合度沿高程分布图如图3.30所示。

由图3.30可知，11号横缝在坝体中部高程，下游开合度大于上游，靠近坝顶和坝底高程，上游开合度略大于下游。测缝计测值在2280.00～2400.00m高程最大，2280.00m高程以下和2400.00m高程以上则相对较小。

2. 16号横缝

16号横缝各部位测缝计开合度沿高程分布图如图3.31所示。

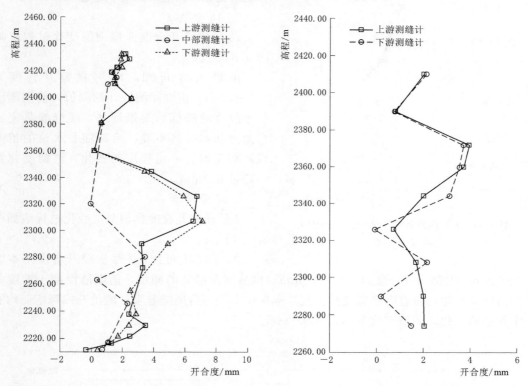

图 3.30　11号横缝各部位测缝计开合度　　图 3.31　16号横缝各部位测缝计开合度
　　　　　沿高程分布图　　　　　　　　　　　　　沿高程分布图

由图3.31可知，16号横缝测缝计测值在2340.00～2380.00m高程最大，2340.00m高程以下和2380.00m高程以上则相对较小。

3. 7号横缝

7号横缝各部位测缝计开合度沿高程分布图如图3.32所示。

由图3.32可知，7号横缝中部上、下游测值规律较一致，最大横缝开合度在4mm左右，发生在坝体上部2421.00m高程下游，其他高程横缝开合度相对较小。

3.4.2　接缝变形时间分布规律分析

选取11号、16号和7号横缝作为典型横缝进行监测成果分析。

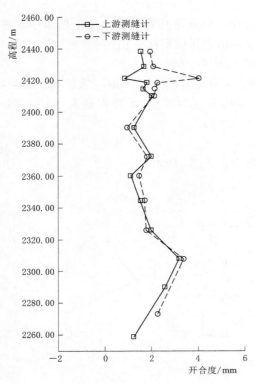

图 3.32　7 号横缝各部位测缝计开合度沿高程分布图

1. 11 号横缝

11 号横缝开合度典型测值变化过程线如图 3.33 所示。

由图 3.33 可知，11 号横缝开合度为 $-1\sim 8\text{mm}$，大部分开合度为 $1\sim 4\text{mm}$。横缝间测缝计的测值，前期随混凝土温度的降低而逐渐增加，接缝灌浆完成后测值基本保持不变，后期随着水位的抬升或降落，而均有一定程度的变化，测值变化量不超过 0.3mm。

2. 16 号横缝

16 号横缝开合度典型测值变化过程线如图 3.34 所示。

由图 3.34 可知，16 号横缝开合度为 $-1\sim 4\text{mm}$，横缝间测缝计的测值，前期随混凝土温度的降低而逐渐增加，接缝灌浆完成后测值基本保持不变，后期随着水位的抬升或降落而均有一定程度的变化，测值变化量不超过 0.3mm。

3. 7 号横缝

7 号横缝开合度典型测值变化过程线如图 3.35 所示。

由图 3.35 可知，7 号横缝开合度基本为 $-1\sim 5\text{mm}$，大部分开合度为 $-1\sim 2.5\text{mm}$。横缝间测缝计的测值，前期随混凝土温度的降低而逐渐增加，接缝灌浆完成后测值基本保持不变，后期随着水位的抬升或降落而均有一定程度的变化，测值变化量不超过 0.3mm。

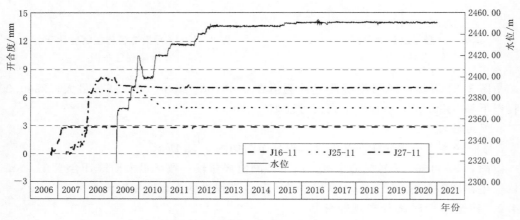

图 3.33　11 号横缝开合度典型测值变化过程线

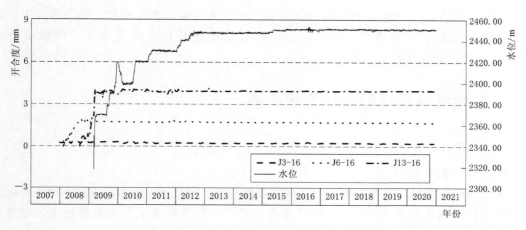

图 3.34　16 号横缝开合度典型测值变化过程线

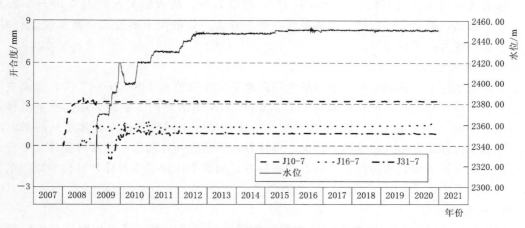

图 3.35　7 号横缝开合度典型测值变化过程线

4. 基础接缝

基础接缝开合度典型测值变化过程线如图 3.36 所示。

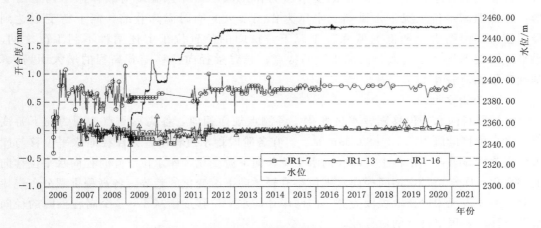

图 3.36　基础接缝开合度典型测值变化过程线

由图 3.36 可知，基础接缝测缝计测值的变化主要发生在施工初期，接缝灌浆以后接缝开合度基本稳定，测值为 -2~2mm；蓄水后接缝开合度变化很小，变化量值在 0.5mm 以内，接缝均处于压紧状态。

3.5　其他拱坝及基础变形监测成果

3.5.1　坝体水平位移

1. 锦屏一级水电站

蓄水期间，大坝坝体径向水平位移整体表现为向下游变形，以中间坝段为中心，向两岸的水平位移测值逐渐变小[8-14]。从高程分布看，中低高程水平位移测值较大，变形协调，各坝段径向水平位移随水位升降的变化规律相似。在各阶段蓄水过程中，大坝径向水平位移表现出与水位良好的相关性（以 13 号坝段为例，两者相关系数为 0.95~0.99）。在水位平稳期，低水位运行时，坝体上部高程表现为一定的向上游变形；高水位运行时，各高程均表现为向下游变形。

2. 小湾水电站

正常蓄水位下，垂线系统向下游最大径向水平位移量值为 129.62mm[17-20]，表面变形测点向下游最大径向水平位移量值为 111.87mm，GNSS 测点向下游最大径向水平位移量值为 93.43mm。向下游径向水平位移与坝高呈正相关，不同高程拱圈整体呈从两岸向河床坝段水平位移逐渐增大的单峰型特征。坝体各高程垂线的径向水平位移对称性分布符合小湾水电站大坝地形地质特点。坝体不同高程的径向水平位移基本对称，对称坝段的水平位移差值基本小于 7mm。

3. 二滩水电站

坝体径向水平位移与库水位呈正相关，年周期性变化显著。蓄水初期，在水压荷载持续作用下，由于水文地质条件变化，坝体坝基产生了较大的塑性变形[34-35]。此后，时效变形与残余变形引起的位移发展趋缓，坝体逐步呈现出良好的弹性工作状态。拱冠坝段在高温低水位工况下，拱圈受水压力作用减小，并在温度荷载作用下向上游变形；在低温高水位工况下，拱圈受水压力作用增大的同时温降收缩，向下游变形达到最大值；高温高水位和低温低水位工况下，拱圈的位置位于上述两种不利工况之间。水平拱圈变形呈"中间大，两端小"的特点；悬臂梁径向位移随着高程的增大而增大，基础变形相对较小。

4. 大岗山水电站

各坝段径向水平位移随库水位变化，各测点规律相似，各高程测点表现为向下游变形，水平位移量值为 0.72~89.35mm[63]。在各阶段蓄水过程中，大坝径向水平位移与库水位相关性显著：库水位上升时径向水平位移向下游变化，库水位下降时径向水平位移向上游变化，库水位稳定期间径向水平位移有轻微向下游变化的趋势。各高程拱圈分布规律类似，整体表现为以拱冠坝段为界，向两岸径向水平位移逐渐减小，5 个高程拱圈的径向水平位移均表现出良好的对称性。

3.5.2 坝体垂直位移

1. 锦屏一级水电站

低高程廊道早期由于施工自重等影响，整体呈沉降趋势；后期当水位升高时，各高程廊道整体呈抬升趋势；1829.00m 以上高程廊道由于起测阶段与蓄水阶段同步，水位抬升期呈上抬趋势。两岸坝基个别高程出现凸起现象，但是坝体各坝段垂直位移协调，没有突变现象，整体垂直位移正常。

2. 小湾水电站

坝体垂直位移变化特征为，随着水位的抬升，除个别岸坡坝段及灌浆洞垂直位移略有下沉外，其余部位垂直位移均呈现下沉量减小趋势，且河床坝段垂直位移变化量减小趋势较两岸坝段明显。随着水位的抬升，1010.00m、1100.00m 高程静力水准倾斜变形随水位上升呈坝踵向上抬升、坝趾向下压缩的变化趋势（即坝体向下游倾斜）；水位下降则反之，变化趋势同其旁的水准点一致。

3. 二滩水电站

位于岸坡坝段和基础廊道内的测点，受基础强约束影响，垂直位移变幅较小，年周期性变化规律不显著。2000 年（竣工时间）后垂直位移表现为缓慢下沉趋势，近年来已基本稳定。坝顶及坝体内部各层水平廊道内（除两端靠近基础外）的测点呈明显的年周期性变化规律，表现出与库水位之间显著的负相关性。坝顶垂直位移的变化周期与下部其他高程略有不同，最值出现时间比坝体廊道提前 1～2 个月，同高程各坝段垂直位移同步性良好。坝体垂直位移对外界环境因素变化反应最为敏感的部位是坝体中部，垂直位移最小值发生在每年高温季节，最大值发生在低温季节；其余部位由于基础约束和受力状态复杂，垂直位移与外界环境因素的相关性相对较差。

3.5.3 接缝变形

部分特高拱坝工程封拱后存在灌后横缝增开的现象。综合分析认为，环境温度变化、高温季节进行横缝灌浆施工、高坝空库自重引起倒悬、施工影响等均是灌后横缝增开的因素。工程蓄水后，坝体接缝变形主要呈压缩状态，运行期随着库水位升降变化，坝体接缝开合度无明显变化。国内典型特高拱坝接缝开合度见表 3.9。

表 3.9   **国内典型特高拱坝接缝开合度**

拱坝	封拱前开合度	封拱后开合度	蓄水后开合度
锦屏一级水电站	缝开度为 $-0.45\sim8.39$mm，平均开合度为 1.41mm，约 83% 的横缝开合度大于 0.5mm	封拱前后开合度变化量为 $-0.37\sim1.25$mm；平均缝开度为 1.52mm，较灌前增加 0.11mm	92.75% 的测缝计变化量小于 0.1mm
小湾水电站	平均缝开度为 1.76mm，1164m 高程以下平均缝开度为 1.92mm，1164.00m 高程以上平均缝开度为 0.89mm	封拱后平均缝开度为 1.85mm，变化值在 0.1mm 以内	蓄水后平均缝开度为 1.86mm，二冷结束灌浆后缝开合度大部分处于无变化状态。部分高高程测缝计受蓄水位变化及气温交替影响，少量横缝开合度与温度存在负相关性

续表

拱坝	封拱前开合度	封拱后开合度	蓄水后开合度
溪洛渡水电站	缝开度为 −0.09～5.85mm，90%以上的测点开合度大于0.5mm	横缝上游侧灌后开合度变化量为 −2.15～0.35mm，中部灌后缝开度变化量为 −2.49～0.28mm，下游侧灌后缝开度变化量为 −1.72～0.66mm	横缝上游侧缝开度变化量为 −2.15～0.73mm，中部缝开度变化量为 −2.48～0.94mm，下游侧缝开度变化量为 −1.75～0.98mm，整体呈闭合趋势变化
大岗山水电站	缝开度为 0.10～7.54mm，小于 0.5mm 的测点占 6.3%，0.50～2.0mm 的测点占 40.4%，2.0～4.0mm 的测点占 47.8%，大于 4.0mm 的测点数占 5.5%	开合度小于 0.125mm（压缩或接触状态）的测点占 77.49%（241 支），缝开度大于 0.30mm 的测点占 11.25%	缝开度小于 0.125mm（压缩或接触状态）的测点占 98.37%（302支），缝开度大于 0.30mm 的测点数占 1.3%（4 支，上游 2 支，中间 2 支）
乌东德水电站	缝开度为 0.10～3.70mm	灌浆之后缝开度无明显变化	较灌浆时的缝开度变化量为 −1～0.4mm

注　横缝张开缝开度为正值，闭合为负值。

第 4 章

大坝及基础渗流时空规律分析

4.1 拉西瓦大坝基础渗流监测资料时空规律分析

4.1.1 坝基渗压计

本小节给出了渗压计测点压力测值随库水位变化过程线，还给出了利用测点安装高程和测点压力测值换算的测点水位测值随库水位变化过程。压力测值变化过程用以反映测点变化与库水位的相关性。水位值变化过程用以显示测点水位相对于库水位的折减情况。

1. 帷幕上游坝踵

拉西瓦大坝帷幕上游坝踵渗压计水位测值变化过程线如图 4.1 所示，帷幕上游坝踵处典型测点（13 号坝段、上游拱冠、10 号坝段、16 号坝段）渗压计压力测值随库水位变化过程线分别如图 4.2～图 4.5 所示。

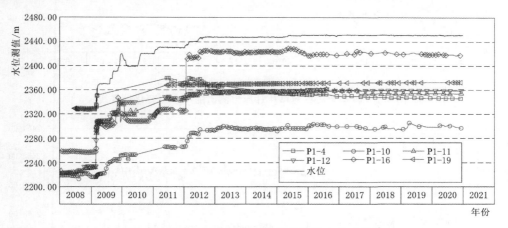

图 4.1 帷幕上游坝踵渗压计水位测值变化过程线

从时间分布规律上来看，除左岸 19 号坝段测点外，大坝基础帷幕上游坝踵处水位测值变化与库水位变化存在明显的相关性。各测点压力测值变化主要发生在蓄水初期，随库水位升高而增大；2015 年库水位抬升（库水位抬升约 3.8m）期间，10～13 号坝段帷幕上游坝踵处测点水位测值均有不同程度增大，增幅为 2～10m。

从空间分布上来看，10 号坝段帷幕上游坝踵处测点水位测值较低，在 2298.00m 高程附近（库水位约为 2451.00m）；16 号坝段帷幕上游坝踵水位测值接近库水位，在 2419.00m 高程附近；其他测点水位测值分布在 2345.00～2373.00m 高程，低于库水位 78～106m。

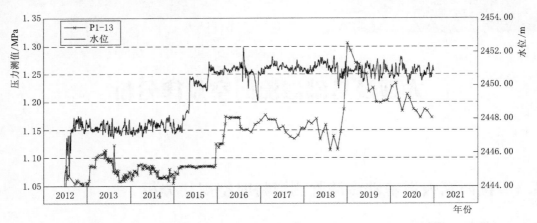

图 4.2　帷幕上游 13 号坝段渗压计压力测值随库水位变化过程线

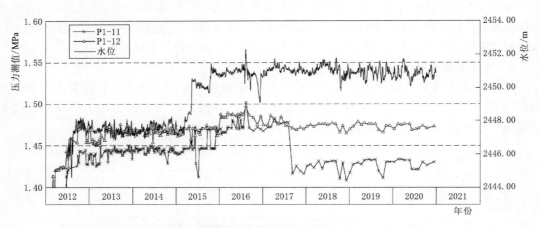

图 4.3　帷幕上游拱冠渗压计压力测值随库水位变化过程线

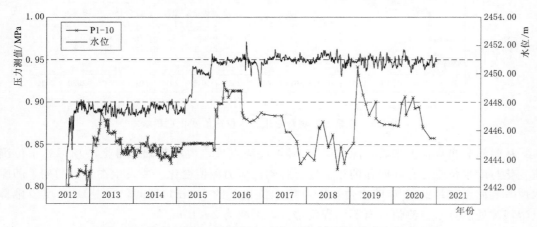

图 4.4　帷幕上游 10 号坝段渗压计压力测值随库水位变化过程线

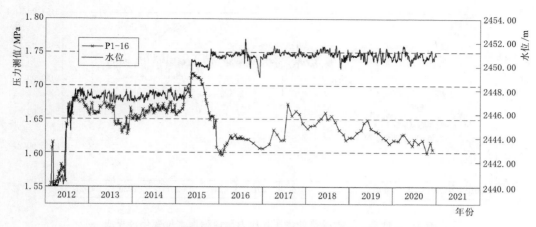

图 4.5　帷幕上游 16 号坝段渗压计压力测值随库水位变化过程线

2. 帷幕上游近帷幕处

帷幕上游近帷幕处渗压计水位测值变化过程线如图 4.6 所示，帷幕上游近帷幕处渗压计压力测值随库水位变化过程线如图 4.7 所示。

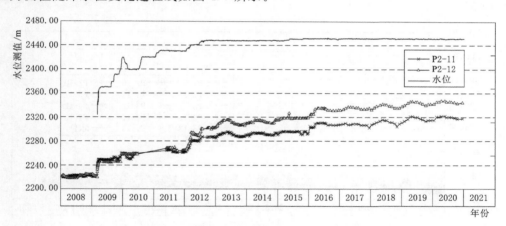

图 4.6　帷幕上游近帷幕处渗压计水位测值变化过程线

从时间分布规律上来看，大坝基础帷幕上游近帷幕处渗压计水位测值变化与库水位变化存在明显的相关性。各测点压力测值增大主要发生在蓄水期；2015 年库水位抬升（库水位抬升约 3.8m）期间，拱冠坝段帷幕上游近帷幕处压力测值均有不同程度增大，增幅为 0.12～0.15MPa；随后压力测值随库水位呈年周期变化，渗压年变幅为 0.10～0.15MPa。从长时间序列来看，拱冠帷幕上游近帷幕处两测点的压力测值呈现逐步收敛的变化趋势。

从空间分布上来看，11 号坝段帷幕上游近帷幕处测点水位测值略低于 12 号坝段，在 2317.00m 高程附近，低于该坝段坝踵测点（水位测值在 2354.00m 高程附近）；12 号坝段帷幕上游水位测值在 2344.00m 附近，低于该坝段帷幕上游坝踵测点（水位测值在 2359.00m 高程附近），帷幕上游侧坝体基础具有一定的防渗效果。

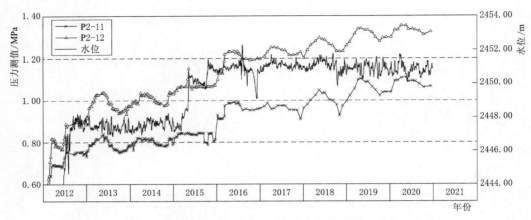

图 4.7　帷幕上游近帷幕处渗压计压力测值随库水位变化过程线

3. 帷幕后

帷幕后渗压计水位测值变化过程线如图 4.8 所示，帷幕后典型测点（19 号坝段、河岸坝段、河床左岸坝段、河床右岸坝段）渗压计压力测值随库水位变化过程线如图 4.9～图 4.12 所示。

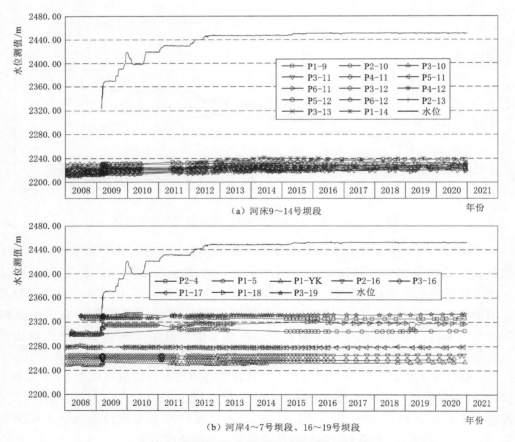

（a）河床9～14号坝段

（b）河岸4～7号坝段、16～19号坝段

图 4.8　帷幕后渗压计水位测值变化过程线

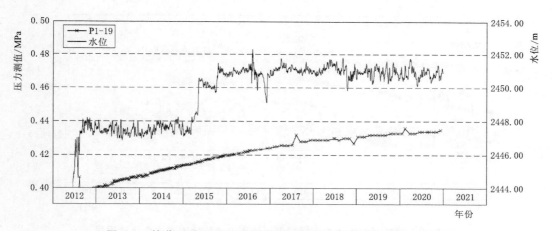

图 4.9　帷幕下游 19 号坝段渗压计压力测值随库水位变化过程线

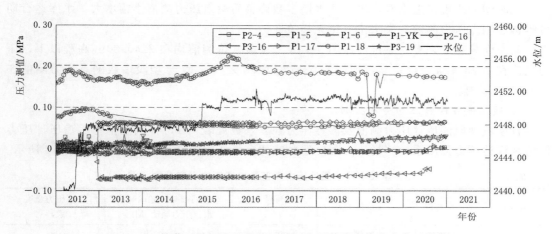

图 4.10　帷幕下游河岸坝段渗压计压力测值随库水位变化过程线

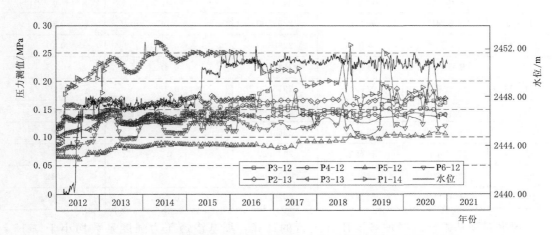

图 4.11　帷幕下游河床左岸坝段渗压计压力测值随库水位变化过程线

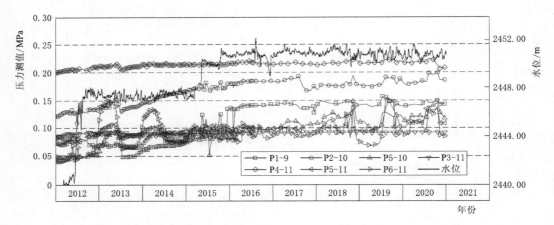

图 4.12　帷幕下游河床右岸坝段渗压计压力测值随库水位变化过程线

从时间分布规律上来看，水库蓄水期多数帷幕后测点压力测值小幅增大，水库运行期各帷幕后测点压力测值与库水位变化无相关性。

从空间分布上来看，靠近河床的 9～14 号坝段水位测值均在 2240.00m 高程以下，压力测值在 0.23MPa 以内；靠近河岸的 4～7 号坝段及 16～19 号坝段多数测点压力测值在 0.07MPa 以内。

4. 坝轴线方向扬压力分布分析

各岸坡坝段渗压计压力测值及渗透压力强度系数见表 4.1，各坝段帷幕后渗压计压力测值及渗透压力强度系数（扬压力强度系数或残余扬压力强度系数）分布如图 4.13 所示。

表 4.1　　　　　　　　各岸坡坝段渗压计压力测值及渗透压力强度系数

编号	埋设部位	与帷幕关系	高程 /m	2020 年 2452.00m 高程 水位压力测值/MPa	渗透压力强度 系数
P2－4	4 号坝段	帷幕后	2325.00	0	0
P3－4	4 号坝段	帷幕后	2328.00	0	0
P1－5	5 号坝段	帷幕后	2298.00	0.06	0.04
P1－YK	卸荷带	帷幕后	2250.00	0.02	0.01
P1－9	9 号坝段	帷幕后	2224.60	0.15	0.07
P1－14	14 号坝段	帷幕后	2215.00	0.16	0.07
P2－16	16 号坝段	帷幕后	2258.00	0.067	0.03
P3－16	16 号坝段	帷幕后	2264.04	0	0
P1－17	17 号坝段	帷幕后	2278.00	0	0
P1－18	18 号坝段	帷幕后	2299.00	0.18	0.12
P3－19	19 号坝段	帷幕后	2329.00	0.03	0.03

根据对坝基帷幕后岸坡各渗压计进行的计算，坝基渗透压力强度系数均小于 0.15，满足规范要求。

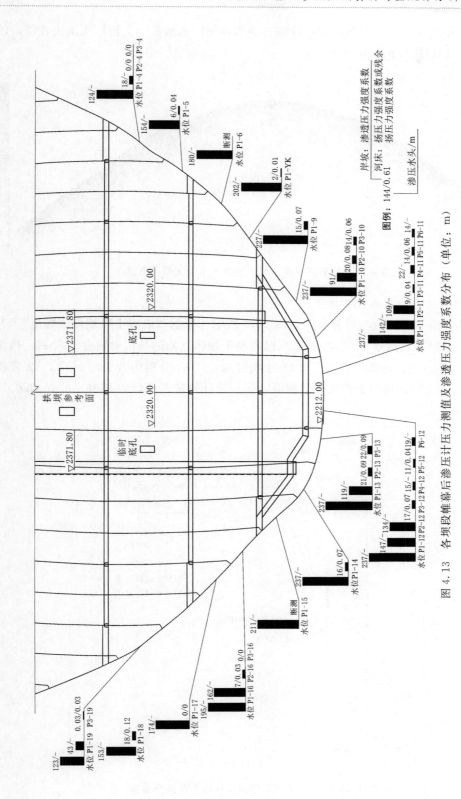

图 4.13　各坝段帷幕后渗压计压力测值及渗透压力强度系数分布（单位：m）

以各坝段坝基高程为参考高程，计算各渗压计测得的水头与上游库水水头比值，绘制水头比值等值线图，如图4.14所示。

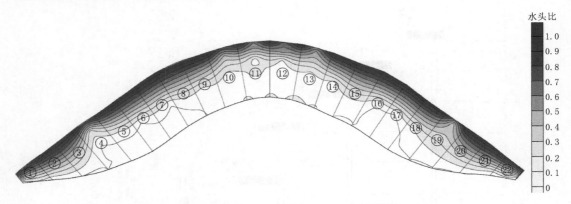

图4.14　坝基渗压水头与上游库水水头比值等值线图

5. 拱冠处纵向扬压力分布分析

拱冠基础渗压计压力测值分布图如图4.15所示。根据《混凝土拱坝设计规范》（NB/T 10870—2021），对拱冠11号、12号坝段和整个坝体基础的扬压力强度系数α_1、残余扬压力强度系数α_2进行计算。经计算，11号坝段的α_1、α_2分别为0.14、0.06，12号坝段分别为0.27、0.03，均小于或接近《混凝土拱坝设计规范》建议的0.25～0.40和0.10～0.20的上限。

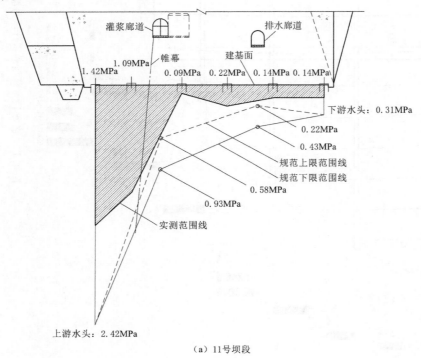

（a）11号坝段

图4.15（一）　拱冠基础渗压计压力测值分布图

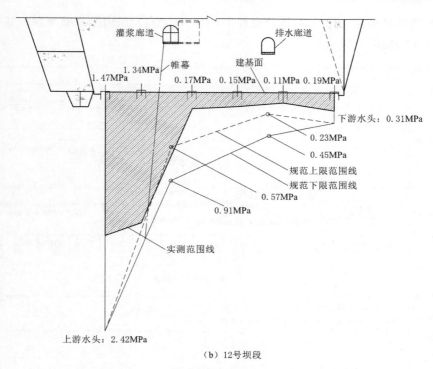

（b）12号坝段

图 4.15（二）　拱冠基础渗压计压力测值分布图

拱冠基础各测点扬压力分布均小于规范上限要求的扬压力包络线，拉西瓦河床坝段坝基防渗效果整体较好。

6. 拉西瓦水电站坝基防渗效果评价

位于坝基帷幕上游的渗压计与库水位呈明显的相关变化，帷幕后各测点与库水位未见相关性。河床坝段扬压力强度系数 α_1、残余扬压力强度系数 α_2 小于规范建议值。岸坡坝段坝基渗透压力强度系数均小于 0.15。

拉西瓦水电站大坝坝基防渗系统防渗效果较好，实测渗透压力整体满足设计要求。

4.1.2　测压管

本小节给出了测压管测点压力测值随库水位变化过程线。此外，还给出了利用测点安装高程和测点压力测值换算的测点水位测值随库水位变化过程。压力测值变化过程用以反映测点变化与库水位的相关性。水位测值变化过程用以显示测点水位相对于库水位的折减情况。

1. 基础上游帷幕灌浆廊道

基础上游帷幕灌浆廊道测压管水位测值变化过程线如图 4.16 所示，基础上游帷幕灌浆廊道典型测点（UP5 – D 测点和 UP11 – D 测点）压力测值随库水位变化过程线分别如图 4.17 和图 4.18 所示。

2250.00m 高程以下基础廊道内多数测压管与库水位变化相关性不显著，2019 年后，各测点压力测值已基本稳定，无明显变化。

2. 基础下游廊道

基础下游廊道测压管水位测值及压力测值变化过程线分别如图 4.19 和图 4.20 所示，

基础下游廊道典型测点（UP16-D测点和UP15-D测点）压力测值随库水位变化过程线分别如图4.21和图4.22所示。

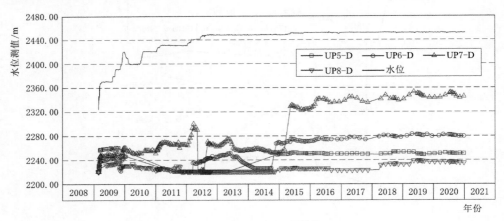

（a）10～14号坝段

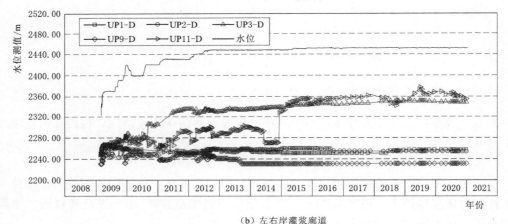

（b）左右岸灌浆廊道

图4.16 基础上游帷幕灌浆廊道测压管水位测值变化过程线

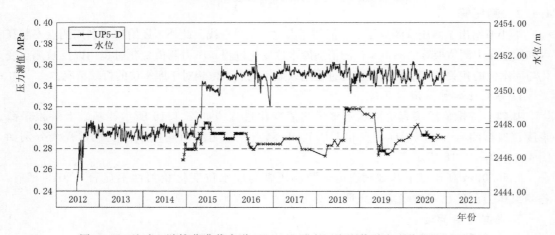

图4.17 基础上游帷幕灌浆廊道UP5-D测点压力测值随库水位变化过程线

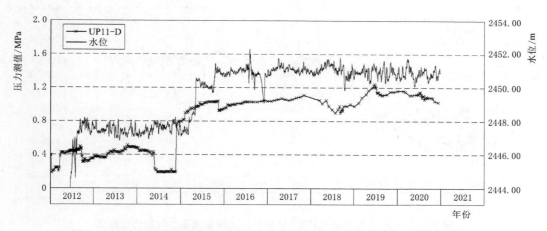

图 4.18　基础上游帷幕灌浆廊道 UP11 - D 测点压力测值随库水位变化过程线

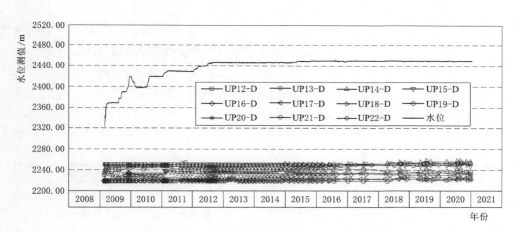

图 4.19　基础下游廊道测压管水位测值变化过程线

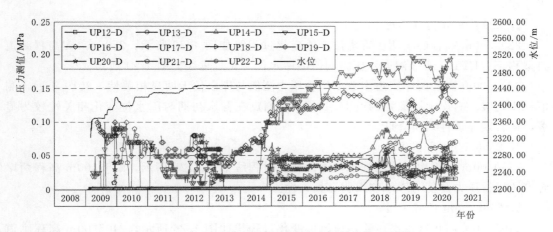

图 4.20　基础下游廊道测压管压力测值变化过程线

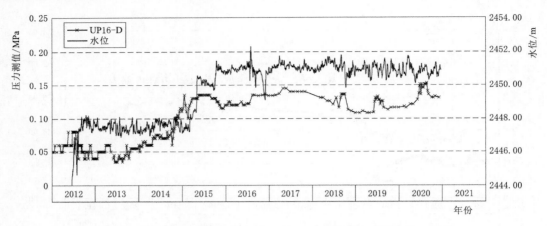

图 4.21 基础下游廊道 UP16 - D 测点压力测值随库水位变化过程线

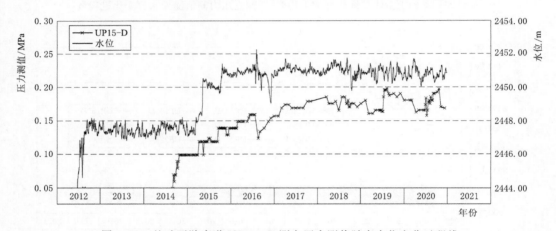

图 4.22 基础下游廊道 UP15 - D 测点压力测值随库水位变化过程线

基础下游廊道各测压管压力测值与库水位未见明显相关性。2019 年后，测值逐步趋于稳定。

3. 2295.00m 高程廊道

2295.00m 高程廊道测压管水位测值变化过程线如图 4.23 所示，2295.00m 高程廊道典型测点（UP1 - 2295 测点）压力测值随库水位变化过程线如图 4.24 所示。

2295.00m 高程两岸廊道多数测压管压力测值与库水位无明显相关性，2019 年后，测值逐步趋缓。右岸上游灌浆廊道 UP1 - 2295 测点在蓄水初期与库水位变化相关性较为显著，运行期显著性有所降低。

4. 2350.00m 高程廊道

2350.00m 高程廊道测压管水位测值变化过程线如图 4.25 所示，2350.00m 高程两岸廊道测压管压力测值与库水位无明显相关性。

5. 2405.00m 高程廊道

2405.00m 高程廊道测压管水位测值变化过程线如图 4.26 所示，2405.00m 高程廊道压力测值随库水位变化过程线如图 4.27 所示。

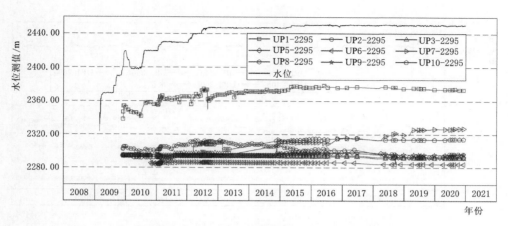

图 4.23　2295.00m 高程廊道测压管水位测值变化过程线

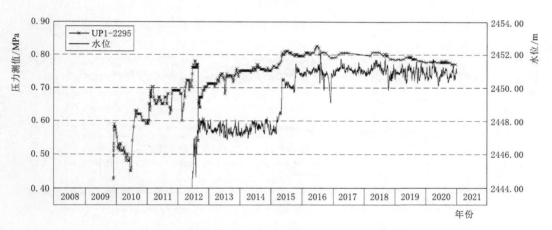

图 4.24　2295.00m 高程廊道 UP1－2295 测点压力测值随库水位变化过程线

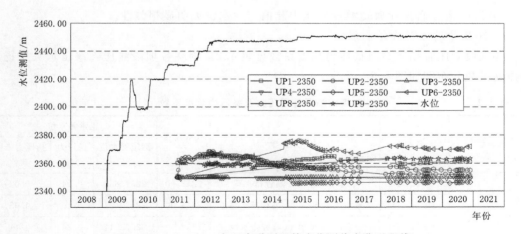

图 4.25　2350.00m 高程廊道测压管水位测值变化过程线

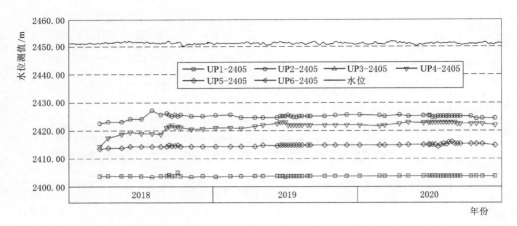

图 4.26　2405.00m 高程廊道测压管水位测值变化过程线

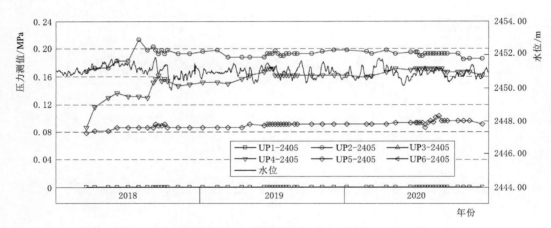

图 4.27　2405.00m 高程廊道压力测值随库水位变化过程线

2405.00m 高程两岸廊道测压管压力测值与库水位无明显相关性。

6. 测压管压力测值分布分析

各坝段测压管扬压力及扬压力强度系数见表 4.2，坝基各坝段测压管渗压水头及扬压力强度系数分布图如图 4.28 所示。

表 4.2　　　　　　　　　　各坝段测压管扬压力及扬压力强度系数

部　位	名　称	钻 孔 位 置	孔底高程 /m	正常蓄水位		
				测压管水位 高程/m	扬压力 /MPa	扬压力强度 系数
坝基下游	UP12 – D	右岸 2250.00m 高程排水洞	2248.00	2251.882	0.04	0.02
	UP13 – D	7 号坝段 2250.00m 高程排水廊道	2243.00	2253.427	0.10	0.05
	UP14 – D	8 号坝段 2250.00m 高程排水廊道	2233.00	2257.914	0.24	0.11
	UP15 – D	9 号坝段排水爬坡廊道	2230.00	2250.326	0.20	0.09

续表

部 位	名称	钻 孔 位 置	孔底高程/m	正常蓄水位		
				测压管水位高程/m	扬压力/MPa	扬压力强度系数
坝基下游	UP16 – D	10 号坝段基础排水廊道	2212.00	2233.823	0.21	0.06
	UP17 – D	11 号坝段基础排水廊道	2208.00	2225.065	0.17	0.02
	UP18 – D	12 号坝段基础排水廊道	2208.00	2223.534	0.15	0.02
	UP19 – D	13 号坝段基础排水廊道	2210.00	2230.52	0.20	0.05
	UP20 – D	14 号坝段排水爬坡廊道	2217.00	2239.982	0.23	0.09
	UP21 – D	15 号坝段 2250.00m 高程排水廊道	2232.00	2240.798	0.09	0.04
	UP22 – D	左岸 2250.00m 高程排水洞	2248.00	2255.182	0.07	0.04
2295.00m 高程右岸廊道	UP1 – 2295	2295.00m 高程灌浆廊道	2293.00	2374.686	0.80	
	UP2 – 2295	2295.00m 高程灌浆廊道	2279.00	2297.074	0.18	
	UP3 – 2295	2295.00m 高程排水廊道	2293.00	2292.023	0	
	UP4 – 2295	2295.00m 高程排水廊道	2288.00	2297.897	0.10	
	UP5 – 2295	2295.00m 高程排水廊道	2279.00	2293.498	0.14	
2295.00m 高程左岸廊道	UP6 – 2295	2295.00m 高程灌浆廊道	2283.00	2284.954	0.02	
	UP7 – 2295	2295.00m 高程灌浆廊道	2293.00	2327.088	0.33	
	UP8 – 2295	2295.00m 高程排水廊道	2283.00	2292.848	0.10	
	UP9 – 2295	2295.00m 高程排水廊道	2289.00	2295.953	0.07	
	UP10 – 2295	2295.00m 高程排水廊道	2293.00	2314.787	0.21	
2350.00m 高程右岸廊道	UP1 – 2350	2350.00m 高程灌浆廊道	2348.00	2361.084	0.13	
	UP2 – 2350	2350.00m 高程灌浆廊道	2348.00	2352.16	0.04	
	UP3 – 2350	2350.00m 高程排水廊道	2348.00	2350.361	0.02	
	UP4 – 2350	2350.00m 高程排水廊道	2348.00	2349.534	0.02	
	UP5 – 2350	2350.00m 高程排水廊道	2348.00	2346.54	0	
2350.00m 高程左岸廊道	UP6 – 2350	2350.00m 高程灌浆廊道	2348.00	2370.309	0.22	
	UP7 – 2350	2350.00m 高程灌浆廊道	2348.00	2378.67	0.30	
	UP8 – 2350	2350.00m 高程排水廊道	2348.00	2355.196	0.07	
	UP9 – 2350	2350.00m 高程排水廊道	2348.00	2363.57	0.15	
2405.00m 高程右岸廊道	UP1 – 2405	2405.00m 高程灌浆廊道	2403.00	2403.53	0.01	
	UP2 – 2405	2405.00m 高程灌浆廊道	2403.00	2425.003	0.22	
2405.00m 高程左岸廊道	UP4 – 2405	2405.00m 高程排水廊道	2403.00	2422.865	0.19	
	UP5 – 2405	2405.00m 高程灌浆廊道	2403.00	2414.158	0.11	
	UP6 – 2405	2405.00m 高程排水廊道	2403.00	2403.000	0	

2250.00m 高程以下测压管扬压力测值基本在 1.0MPa 以下，相应的渗压系数基本在 0.11 以下。

2295.00m 高程测压管压力测值基本在 0.33MPa 以下。

2350.00m 高程测压管压力测值基本在 0.30MPa 以下。

2405.00m 高程测压管压力测值基本在 0.22MPa 以下。

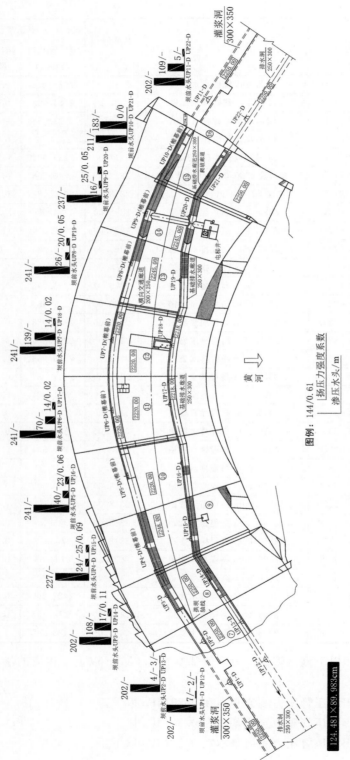

图 4.28　坝基各坝段测压管压渗压水头及扬压力强度系数分布图（单位：m）

7. 坝基及坝肩测压管监测成果评价

基础灌浆廊道大部分测压管压力测值与库水位变化相关性不显著，扬压力测值基本在 0.25MPa 以下，相应的扬压力强度系数基本在 0.11 以下；2295.00～2405.00m 高程两岸廊道测压管压力测值与库水位相关性不显著，运行期变化平稳，扬压力测值基本在 0.33MPa 以下。

结合渗压计观测资料，拉西瓦水电站坝基及两岸坝肩防渗结构整体防渗效果较好。

4.1.3 枢纽区渗流渗控监测分析

1. 绕坝渗流孔时间变化规律

（1）左岸。左岸帷幕上游、下游地下水位长期观测孔水位测值变化过程线分别如图 4.29 和图 4.30 所示。

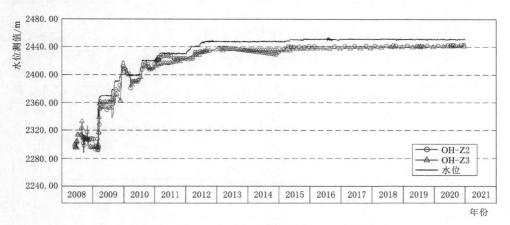

图 4.29 左岸帷幕上游地下水位长期观测孔水位测值变化过程线

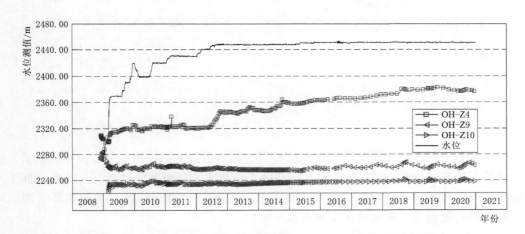

图 4.30 左岸帷幕下游地下水位长期观测孔水位测值变化过程线

左岸帷幕上游两测点孔内水位略低于库水位，孔内水位变化与库水位变化高度相关。帷幕上游靠近帷幕端头测点水位较库水位低约 10m。

左岸帷幕端头下游测点蓄水初期与库水位相关性较好，进入运行期后相关性显著降低。2018年前该测点水位呈现缓慢抬高趋势，2018年后水位逐步稳定在2380.00m高程附近。其余测点与库水位变化无明显相关性。自水库蓄水起水位测值未见明显变化。

（2）右岸。右岸帷幕上游和下游首排、第二排、第三排地下水位长期观测孔水位测值变化过程线如图4.31～图4.34所示。

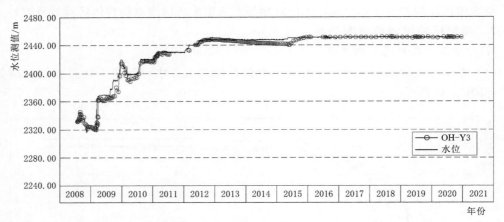

图4.31 右岸帷幕上游地下水位长期观测孔水位测值变化过程线

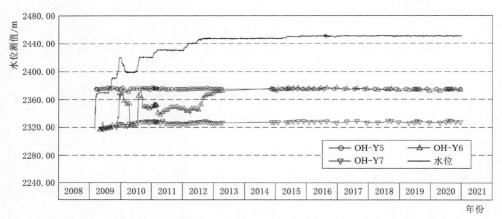

图4.32 右岸帷幕下游首排地下水位长期观测孔水位测值变化过程线

右岸帷幕上游测点孔内水位与库水位相当。孔内水位变化过程与库水位高度相关。

帷幕下游首排测点OH-Y06蓄水期孔内水位与库水位相关性较高，孔内水位低于库水位约65m。进入运行期后孔内水位变化与库水位相关性有所降低，其他帷幕后测点未见与库水位变化相关，各孔内水位测值基本稳定。

2. 枢纽区地下水位分布

帷幕上游和下游首排、第二排、第三排地下水位长期观测孔水位测值分布图如图4.35～图4.38所示。由两岸地下水位长期观测孔孔内水位分布可知以下结论：

（1）两岸帷幕上游侧的水位处于2405.00～2452.00m高程，孔内水位呈现越远离河床水位越低的分布规律。

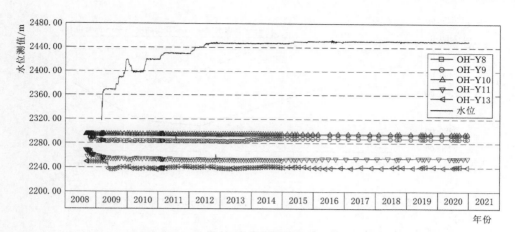

图 4.33 右岸帷幕下游第二排地下水位长期观测孔水位测值变化过程线

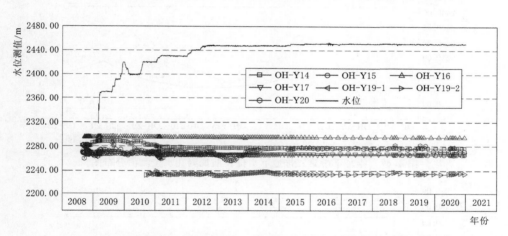

图 4.34 右岸帷幕下游第三排地下水位长期观测孔水位测值变化过程线

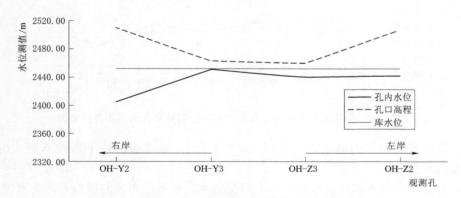

图 4.35 帷幕上游地下水位长期观测孔水位测值分布图

（2）两岸帷幕下游侧紧靠帷幕处测点水位位于 2287.00～2375.00m 高程，孔内水位呈现越远离河床水位越高的分布规律。

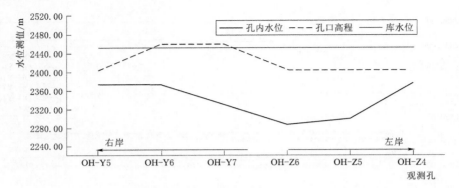

图 4.36 帷幕下游首排地下水位长期观测孔水位测值分布图

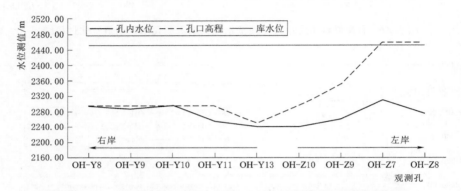

图 4.37 帷幕下游第二排地下水位长期观测孔水位测值分布图

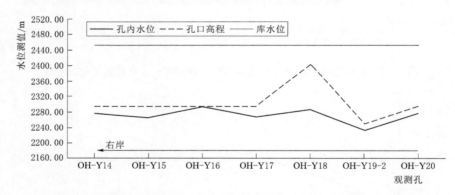

图 4.38 右岸帷幕下游第三排地下水位长期观测孔水位测值分布图

（3）帷幕前后相邻的测点水头差为 122～153m，帷幕前后地下水位有较大的折减，帷幕阻水效果较好。

（4）对比两岸地下水位分布情况，右岸受引水发电系统布置的影响，地下水位明显高于左岸。

（5）帷幕后第二排、第三排（右岸）长期观测孔水位处于 2234.00～2300.00m 高程，孔内水位较帷幕后首排测点进一步降低，亦呈现越远离河床水位越高的分布规律。

枢纽区两岸地下水位长期观测孔水位分布图如图 4.39 所示。

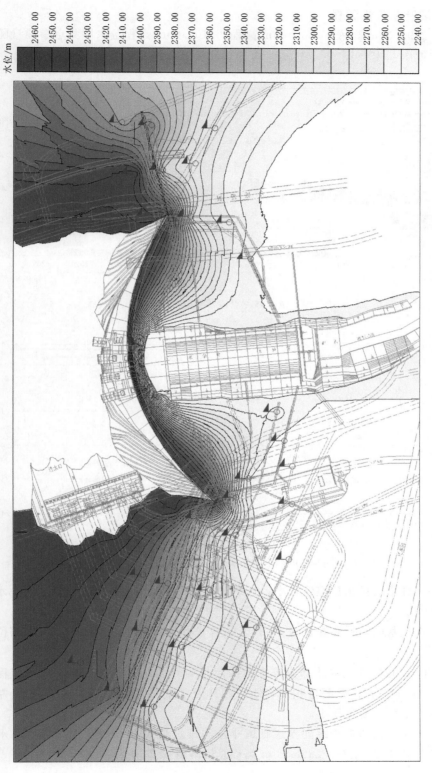

水位/m

2460.00　2450.00　2440.00　2430.00　2420.00　2410.00　2400.00　2390.00　2380.00　2370.00　2360.00　2350.00　2340.00　2330.00　2320.00　2310.00　2300.00　2290.00　2280.00　2270.00　2260.00　2250.00　2240.00

图 4.39　枢纽区两岸地下水位长期观测孔水位分布图

4.1.4　大坝及基础渗漏量

坝基、2295.00m 高程、2350.00m 高程、2405.00m 高程量水堰测点渗漏量随库水位变化过程线如图 4.40～图 4.43 所示。由资料分析可得到以下结论：

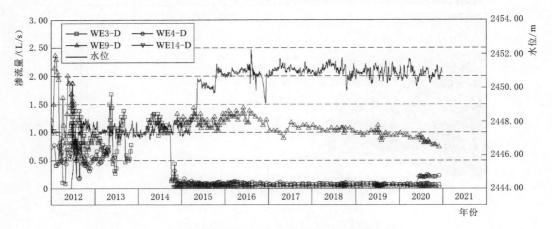

图 4.40　坝基量水堰测点渗漏量随库水位变化过程线

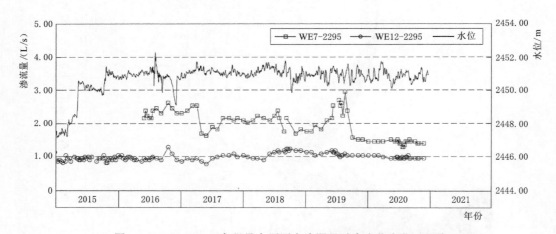

图 4.41　2295.00m 高程量水堰测点渗漏量随库水位变化过程线

（1）各层廊道的排水量整体较小，长期观测资料显示渗漏量测值稳定，与库水位变化无明显相关性。

（2）大坝及基础的总渗漏量为 4.7L/s 左右（小于计算成果 6.36L/s）。各部位具体渗流情况如下：

1）2220.00m 高程集水井部位排水沟的流量为 0.3L/s 左右，2250.00m 高程以下总渗漏量为 1.1L/s 左右；渗漏量相对较小，坝体及基础总渗漏量基本在 4.7L/s 左右，其测值总体较为平稳，变化较小。

2）2295.00m 高程右岸纵向排水廊道排水沟排水量为 1.4L/s，左岸纵向排水廊道排水沟排水量为 0.9L/s 左右。2295.00m 高程总渗漏量为 2.3L/s。

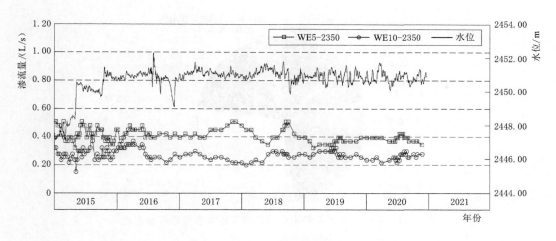

图 4.42　2350.00m 高程量水堰测点渗漏量随库水位变化过程线

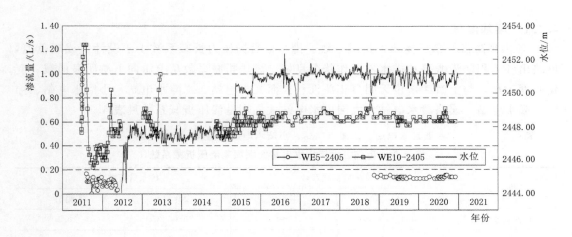

图 4.43　2405.00m 高程量水堰测点渗漏量随库水位变化过程线

3）2350.00m 高程右岸纵向排水廊道排水沟排水量为 0.3L/s，左岸纵向排水廊道排水沟排水量为 0.3L/s 左右。2350.00m 高程总渗漏量为 0.6L/s。

4）2405.00m 高程右岸纵向排水廊道排水沟排水量为 0.1L/s 左右，左岸纵向排水廊道排水沟排水量为 0.6L/s 左右。

（3）库水位在正常蓄水位时各部位正常水位渗漏量占比如图 4.44 所示。分析各部位渗漏量占总渗漏量的比例可知：2295.00m 高程右侧坝肩、2295.00m 高程左侧坝肩、2250.00m 高程右岸量水堰测点是大坝渗漏量最大的 3 个部位，3 个量水堰的渗漏量约占到大坝总渗漏量的 64%，其余部位渗漏量均不高于大坝总渗漏量的 12%。

综上，大坝及两岸坝肩各层排水廊道渗漏量整体很小且变化稳定。

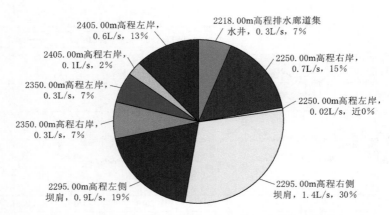

图 4.44　库水位在正常蓄水位时各部位正常水位渗漏量占比

4.2　其他拱坝渗流监测成果

4.2.1　坝基渗压

各拱坝防渗帷幕后扬压力折减系数、排水幕后扬压力折减系数小于设计值或规范值，反映出各工程防渗帷幕和排水幕工作状况良好。渗压折减系数从上游向下游明显递减，变化幅度较小，与上游库水位无明显相关性。拉西瓦水电站、二滩水电站、小湾水电站、锦屏一级水电站、溪洛渡水电站、大岗山水电站大坝坝基渗压折减系数见表 4.3。

表 4.3　　拉西瓦水电站、二滩水电站、小湾水电站、锦屏一级水电站、溪洛渡水电站、大岗山水电站大坝坝基渗压折减系数

拱　坝	帷幕后折减系数		排水后折减系数	
	设计值	实测值	设计值	实测值
拉西瓦水电站	0.40～0.60	0.25～0.56	0.20～0.35	0～0.10
二滩水电站	≤0.50	0.38	≤0.20	0.16
小湾水电站	0.40～0.60	0～0.33	0.20～0.35	0～0.07
锦屏一级水电站	≤0.40	0～0.39	≤0.20	0～0.11
溪洛渡水电站	≤0.40	0.09～0.23	≤0.20	0.03～0.11
大岗山水电站	≤0.40	0～0.26	≤0.20	0～0.10

各工程防渗帷幕后扬压力折减系数、排水幕后扬压力折减系数小于设计值或规范值，反映出各工程防渗帷幕和排水幕工作状况良好。拉西瓦水电站防渗效果与其他工程并无明显差异。

4.2.2　渗漏量

拉西瓦水电站、二滩水电站、小湾水电站、锦屏一级水电站、溪洛渡水电站、大岗山水电站大坝正常蓄水位条件下坝基渗漏量见表 4.4。

对比拉西瓦水电站和同等级大坝渗透压力成果，可知拉西瓦水电站渗漏量偏小，其防渗结构防渗效果处于较高水平。

表 4.4　拉西瓦水电站、二滩水电站、小湾水电站、锦屏一级水电站、溪洛渡水电站、大岗山水电站大坝正常蓄水位条件下坝基渗漏量　　　　单位：L/s

拱　坝	设　计　值	实　测　值
拉西瓦水电站	6.30	4.70
二滩水电站	32.33	18.01
小湾水电站	18.51	3.80
锦屏一级水电站	68.21	64.34
溪洛渡水电站	11.89	7.50
大岗山水电站	56.47	64.21

第 5 章

大坝及基础温度时空规律分析

5.1 大坝基岩温度监测成果分析

拉西瓦水电站大坝基岩温度测值变化过程线如图 5.1 所示。

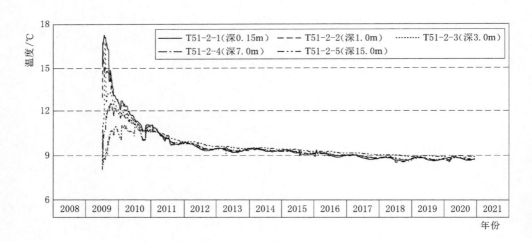

图 5.1 拉西瓦水电站大坝基岩温度测值变化过程线

大坝基岩温度变化规律如下：

（1）基岩温度计埋设初期，受大坝混凝土施工过程中水化热影响，温度计测值同步上升，随后逐渐降低。

（2）拱冠基岩温度测值为 10.5～11.9℃，右岸坝段基岩温度测值为 8.65～9.4℃，左岸坝段基岩温度测值为 9.4～12.7℃。受坝址区日照强度影响，右岸基岩温度比左岸低 1～3℃。

（3）安装在同一桩号的基岩温度计组，岩体表部和孔底温度相差不大，基本不超过 1℃。从变化趋势看，温度已经趋于稳定。

5.2　坝前库水温度监测成果分析

库水温度监测主要利用布设在拱冠 11 号坝段和 19 号坝段上游面的表面温度计，监测仪器为温度计。11 号坝段表面温度计布设在 2219.50～2280.00m 高程，19 号坝段表面温度计布设在 2344.50～2455.00m 高程。坝前库水温度测值变化过程线如图 5.2 所示，坝前库水温度分布图如图 5.3 所示。

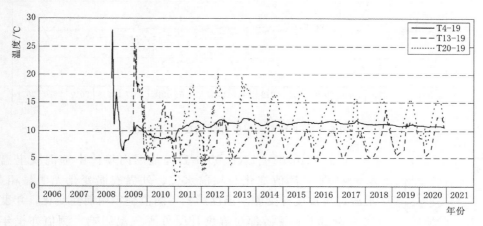

图 5.2　坝前库水温度测值变化过程线

根据 19 号坝段库水温度监测资料，建基面至 2400.00m 高程范围库水温度为 9～11℃，测值受外界气温变化的影响不大；2400.00～2440.00m 高程范围库水温度为 5～12℃，呈年周期性变化，温度年变化幅度约为 7℃；2440.00～2460.00m 高程范围库水温度为 6～16℃，呈年周期性变化，温度年变化幅度约为 10℃。

5.3　坝体温度监测成果分析

选取 11 号、16 号和 7 号坝段坝体混凝土温度进行监测成果分析。

5.3.1　11 号坝段温度场

11 号坝段坝体温度监测仪器包括温度计、应变计组等，11 号坝段温度计测值变化过程线如图 5.4 所示，运行期温度场如图 5.5 所示。

对 11 号坝段温度监测资料进行分析，可得出以下结论：

（1）建基面至 2240.00m 高程范围内坝体中部

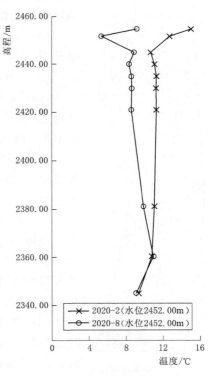

图 5.3　坝前库水温度分布图

111

混凝土温度为 7.8～10.5℃，随着高程的升高，坝体中部混凝土温度降低。坝前水位和外界气温与坝体中部混凝土温度无明显相关性，表明该部位混凝土温度逐渐趋于稳定。

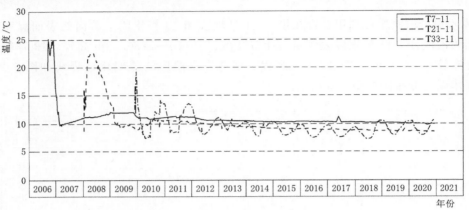

图 5.4　11 号坝段温度计测值变化过程线

图 5.5　11 号坝段运行期
温度场（单位：℃）

（2）2240.00～2400.00m 高程范围内坝体中部混凝土温度为8.5～10℃，测值变化与坝前水位、外界气温变化无明显相关性；上游部位温度计受库水温度影响，测值呈年周期性变化，年变化幅度为 3～5℃；下游部位温度计受外界气温影响，测值亦呈年周期性变化，年变化幅度为 11～13℃，且距离混凝土表面越近，温度测值年变化幅度越大。

（3）2400.00m 高程以上坝体中部混凝土温度为 7.9～11.2℃，受外界气温影响，测值呈年周期性变化，年变化幅度为 1.5～3.5℃，随着高程的降低，坝体中部混凝土温度年变化幅度减小。

（4）11 号坝段混凝土温度多在 11℃以内，坝体中部混凝土温度已趋于稳定。

5.3.2　16 号坝段温度场

16 号坝段坝体温度监测仪器包括温度计、应变计组等，16 号坝段温度计测值变化过程线如图 5.6 所示。

对 16 号坝段温度监测资料进行分析，可得出以下结论：

（1）2400.00m 高程以下坝体中部混凝土温度基本在 10℃左右，坝体中部混凝土温度与坝前水位、外界气温无明显相关性。

（2）2400.00m 高程以上坝体中部混凝土温度为 9～13.5℃，受外界气温影响，测值呈年周期性变化，年变化幅度为 0.6～4.3℃，随着高程的降低，坝体中部混凝土温度年变化幅度减小。

（3）16 号坝段混凝土温度多在 10℃以内，坝体中部混凝土温度逐渐趋于稳定。

5.3.3　7 号坝段温度场

7 号坝段坝体温度监测仪器包括温度计、应变计组等，7 号坝

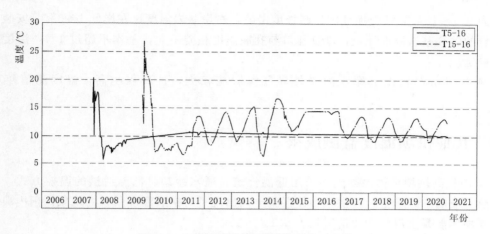

图 5.6　16 号坝段温度计测值变化过程线

段温度计测值变化过程线如图 5.7 所示。

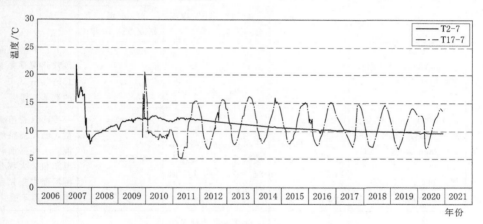

图 5.7　7 号坝段温度计测值变化过程线

对 7 号坝段温度监测资料进行分析，可得出以下结论：

（1）2400.00m 高程以下坝体中部混凝土温度为 9～10℃，坝体中部混凝土温度与坝前水位、外界气温无明显相关性。

（2）2400.00m 高程以上坝体中部混凝土温度为 7～15℃，受外界气温影响，测值呈年周期性变化，年变化幅度为 0.6～8℃，随着高程的降低，坝体混凝土温度年变化幅度逐渐减小。

（3）受库水温影响，布置在坝体上游侧的温度计测值呈年周期性变化，年变化幅度在 4℃ 左右。

（4）7 号坝段混凝土温度多在 10℃ 以内，坝体中部混凝土温度逐渐趋于稳定。

5.4　大坝基础与坝体混凝土温度时空分布规律

拱冠基岩温度为 10.5～11.9℃，右岸坝段基岩温度为 8.65～9.4℃，左岸坝段基岩温度为 9.4~12.7℃，受坝址区日照强度影响，右岸基岩温度比左岸低 1~3℃。安装在同一桩号的钻孔基岩温度计组，坝基孔口与孔底温度相差不大，基本不超过 1℃，温度已经趋于稳定。

2400.00m 高程以上库水温受外界气温影响较大，且高程越高，温度测值年变幅越大。

5.5 其他拱坝温度监测成果

国内特高拱坝坝体混凝土均采用低温浇筑、通水冷却、低温封拱的温控方式，随着水化热反应的继续发生，各拱坝坝体混凝土均出现了封拱后温度回升的现象。国内典型特高拱坝坝体混凝土温度变化情况见表 5.1。

表 5.1 国内典型特高拱坝坝体混凝土温度变化情况

拱坝	设计封拱温度	实测封拱温度	封拱后温度回升	温升时间	备 注
二滩水电站	—	—	3~13℃，平均温升约为 7℃	3~6 年，个别测点达 10 年	
小湾水电站	12~18℃，从上游向下游递增	10.3~17.4℃	3~10℃	4~5 年	上、下游坝面粘贴等效热交换系数 $\beta \leqslant$ 10kJ/（m²·h·℃）的聚苯乙烯板
锦屏一级水电站	1580.00~1652.00m 高程，13℃；1652.00~1814.00m 高程，12℃；1814.00~1841.00m 高程，14℃；1841.00~1885.00m 高程，15℃	11.0~14.5℃，总体平均为 13.0℃	温度为 9.7~19.4℃，多数测点温度回升小于 6℃，占 84.1%；平均回升 3.6℃	6 年以上	冷却水管覆盖保温被，已经浇筑的大坝混凝土外露面粘贴保温苯板。大坝上、下游坝面常年粘贴 5cm 厚的保温苯板
溪洛渡水电站	12~16℃	11.6~16.3℃	除 1~2 个灌区受地温影响回升 9~10℃外，其他部位回升 4.24~7.3℃，平均回升 6.1℃	5 年以上	
大岗山水电站	12~15℃	11.04~17.34℃	上游侧受库水影响回升-5.58~1.29℃，中部回升 1.18~7.50℃	3 年以上	

拉西瓦水电站处于高海拔地区，设计封拱温度较低，为 7~9℃；国内其他特高拱坝设计封拱温度为 12~18℃，实际封拱温度均满足设计要求。封拱后各拱坝出现了不同程度的温度回升，最高温升为 19℃，平均温升为 3~7℃。

第 6 章

大坝及基础应力应变时空规律分析

6.1 建基面应力监测资料时空规律分析

6.1.1 钢筋应力

在拱冠 11 号、12 号坝段建基面的上下游侧分别布置 1 支钢筋计。钢筋计测值变化过程线如图 6.1 所示（R1-11、R1-12 为上游侧坝踵测点，R2-11、R2-12 为下游侧坝趾测点）。

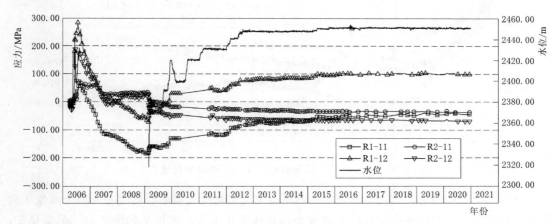

图 6.1 拱冠 11 号、12 号坝段钢筋计测值变化过程线

拱冠 11 号、12 号坝段坝踵与坝趾钢筋应力变化总体上分为以下两个阶段：

（1）第一阶段为施工期。在钢筋计埋设的初期，受浇筑的混凝土的温度变化的影响，钢筋拉应力有较大的增加，随后坝体浇筑高程逐渐增加，坝踵与坝趾钢筋的压应力逐渐增加。

（2）第二阶段为水库蓄水期。随着库水位的抬升，坝踵与坝趾的钢筋应力发生变化，坝踵部位的压应力有所减小，坝趾部位的压应力有所增加，符合拱坝一般变化规律。达到正常蓄水位后，库水位变化幅度较小，各测值趋于稳定，钢筋应力为 $-70\sim100\text{MPa}$。

6.1.2 坝基压应力

11 号、12 号坝段坝踵（C1-11、C3-11、C1-12、C3-12）与坝趾（C2-11、C4-

11、C2 - 12、C4 - 12）压应力计测值变化过程线分别如图 6.2 和图 6.3 所示，图中压应力计测值为负值表示受压。

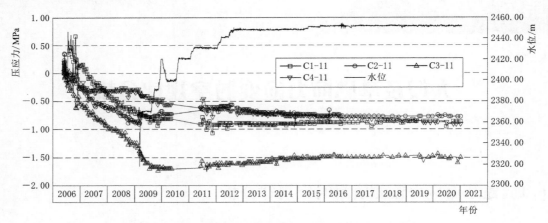

图 6.2　11 号坝段坝踵与坝趾压应力计测值变化过程线

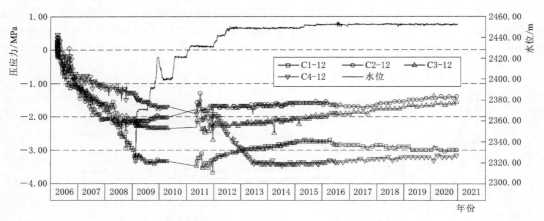

图 6.3　12 号坝段坝踵与坝趾压应力计测值变化过程线

在蓄水前，随着坝体的浇筑，建基面的压应力逐步增大；蓄水以后建基面坝趾部位压应力有一定增大，拱冠坝踵部位有较小的减小趋势或变化不大。大坝基础压应力计测值稳定，建基面呈受压状态，最大压应力为 3.18MPa，发生在 12 号坝段坝趾部位 C4 - 12 测点。

6.2　坝体应力应变监测资料时空规律分析

应变计（组）监测的是传感器埋设方向的应变。该应变包含温度应变、混凝土自生体积应变、徐变应变等。工程关注的是结构物混凝土承受应力状况。混凝土应力计算主要是利用应变计（组）监测混凝土应变；扣除配套埋设的无应力计的应变后，依据广义胡克定律换算成单轴应变；然后根据混凝土的弹性模量和徐变试验资料，用变形法计算出各方向的正应力及剪应力，最终求得主应力及其方向余弦。拱冠 11 号坝段应力变化过程如图 6.4 所示，所示的为梁平面的最大主应力、最小主应力及拱向应力。

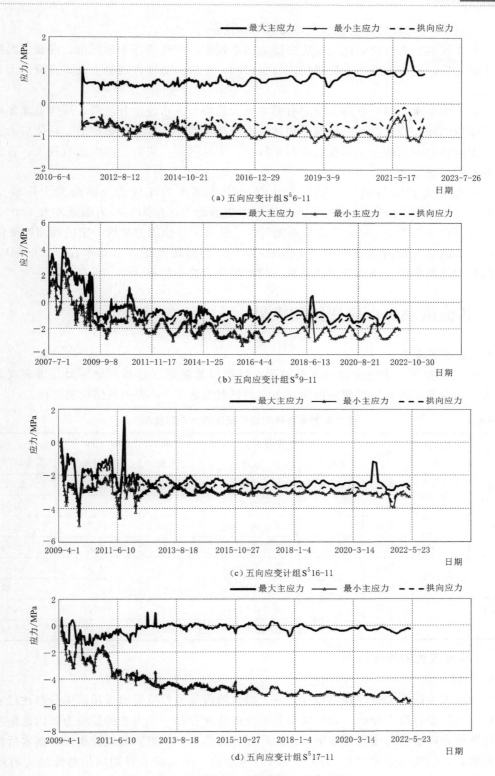

图 6.4　拱冠 11 号坝段应力变化过程

由拱冠11号坝段应力变化过程可知以下结论：

（1）在仪器安装前期，混凝土应变影响因素较多，应变状态十分复杂；混凝土温度逐渐趋于稳定后，混凝土应力主要受坝体自重影响，压应力随坝体混凝土浇筑高程的上升逐渐增大。

（2）水库蓄水初期，坝体压应力有明显增大趋势；库水位抬升阶段，坝体低高程亦有较小的压应力增大趋势，高高程部位坝体应力变化不明显；库水位稳定后，坝体应力变化不大。上游侧和中部测点应力受温度影响较小，下游侧测点应力受温度影响较大。各测点应力基本趋于稳定。

（3）在正常蓄水位时，拱冠坝段混凝土应力基本为压应力。拱向最大压应力在6.00MPa左右，拱冠梁平面内的最大、最小主应力均为压应力，应力值基本在6.00MPa以内，主要发生在2320.00m高程下游侧部位，拱冠梁部位应力呈现一定的周期性变化。

（4）实测最大拉应力基本在0.88MPa以下，实测最大压应力基本在−6.00MPa以下，满足荷载基本组合条件下拱梁分载法的拱坝应力控制标准。

6.3 其他拱坝应力应变监测成果

6.3.1 建基面应力

国内特高拱坝应力应变监测成果表明，拱坝坝基混凝土与基岩交界面总体表现为受压状态。国内典型特高拱坝建基面压应力实测情况见表6.1，表中负值代表受压。

表6.1　　　　　　　　　　　国内典型特高拱坝建基面压应力实测情况

拱坝	建基面高程 /m	部位	仪器安装位置		压应力计测值/MPa		蓄水前后测值 变化量/MPa
			高程/m	位置	蓄水前	正常蓄水位	
小湾 水电站	950.00	坝踵	950.00	距上游面3m	−5.02	−2.98	2.04
		坝趾		距下游面3m	−1.09	−3.00	−1.91
溪洛渡 水电站	324.50	坝踵	324.50	距上游面4m	−2.58	−2.75	−0.17
		坝趾		距下游面3m	−1.59	−2.00	−0.41
大岗山 水电站	925.00	坝踵	925.00	距上游面4m	−8.19	−4.30	3.89
		坝趾		距下游面3m	−0.65	−0.91	−0.26
拉西瓦 水电站	2210.00	坝踵	2210.00	距上游面5m	−0.62	−0.89	−0.27
		坝趾		距下游面4.5m	−0.33	−0.77	−0.44

6.3.2 坝踵应力和坝体应力

1. 坝踵应力

坝踵应力为拱坝关键性控制指标之一。设计阶段按照规范要求采用拱梁分载法或有限元等效应力法进行应力分析，分析结果显示坝踵普遍存在一定大小的拉应力，因此拱坝设计对坝体的容许拉应力进行了规定，并把坝踵应力作为一项重要的监控指标。蓄水后监测成果表明，各拱坝拱冠梁坝踵实测应力均为压应力，库水位上升期间虽然压应力有所减小，但仍处于受压状态。结合坝踵附近接缝监测成果，二滩水电站、大岗山水电站等工程的坝体和基岩接缝处于压缩状态,小湾水电站工程诱导缝等均处于闭合状态,证明坝踵受压真实受力状态与分析存在差异。国内典型特高拱坝拱冠梁坝基实测应力见表6.2。

表6.2　　　　　　　　　　　国内典型特高拱坝拱冠梁坝基实测应力

拱坝	建基面高程/m	部位	仪器安装位置		应变计组测值/MPa		蓄水前后测值变化量/MPa
			高程/m	位置	蓄水前	正常蓄水位	
二滩水电站	965.00	坝踵	973.00	距上游面3m	−8.40	−8.20	0.20
		坝趾		距下游面3m	−4.85	−6.12	−1.27
小湾水电站	950.00	坝踵	956.00	距上游面3m	−8.05	−5.89	2.16
		坝趾		距下游面3m	−3.0	−3.59	−0.59
锦屏一级水电站	1640.00	坝踵	1648.00	距上游面4m	−3.84	−3.10	0.74
		坝趾		距下游面3m	−2.10	−4.46	−2.36
溪洛渡水电站	324.50	坝踵	334.00	距上游面4m	−3.89	−3.26	0.63
		坝趾		距下游面3m	−4.59	−5.14	−0.55
大岗山水电站	925.00	坝踵	928.00	距上游面4m	−3.20	−2.85	0.35
		坝趾		距下游面3m	−1.24	−1.68	−0.44
拉西瓦水电站	2210.00	坝踵	2215.50	距上游面5m	−1.54	−7.37	−5.83
		坝趾		距下游面4.5m	—	—	—
乌东德水电站	718.00	坝踵	718.40	—	−8.9	−6.6	2.3
		坝趾	723.00	—	−1.3	−1.7	−0.4

2. 坝体应力

坝体应力值由混凝土应变监测数据计算获得,受应变计基准值选取、无应力计测值、混凝土徐变度和弹性模量参数选取等多种因素影响,坝体混凝土应力计算值与实际值存在一定误差,且混凝土应力监测仅能计算出应变计埋设位置的点应力大小,不一定能完全合理地反映测点所在部位混凝土的受力特性。

锦屏一级水电站大坝基本处于受压状态,压应力最大值发生在11号坝段坝踵部位的垂直方向,测值为−10.08MPa;拉应力最大值发生在2号坝段坝踵部位的径向方向,测值为1.55MPa,实际应力小于计算值[64]。应力测值过程线连续光滑,表明混凝土工作状态良好,未出现裂缝。大坝坝体混凝土浇筑期间,垂直向压应力明显增加,切向应力在低高程部位总体呈增大趋势,高高程部位总体呈减小趋势。蓄水后随着库水位的上升,坝体上游侧垂直向压应力减小,径向和切向拉应力减小或压应力增大;坝体下游侧垂直向压应力增大,径向和切向亦呈拉应力减小或压应力增大态势。首次蓄水至正常蓄水位,坝体上游侧垂直向压应力减小0.92MPa,中部垂直向压应力减小0.71MPa,下游垂直向压应力增加1.8MPa。高高程坝段底部,拱向作用大于梁向作用,径向和拱向应力受库水位的影响明显大于垂直向应力;河床坝段(如拱冠梁坝段)底部梁向作用大于拱向作用,垂直向应力受库水位的影响明显大于径向和拱向应力。

第 7 章

基于实测资料的特高拱坝全过程工作性态演化规律

7.1　施工期安全监测主要特点

7.1.1　大体积混凝土施工温控与监测

1. 温度监测设计及成果

结合拉西瓦水电站大坝温度监测设计及成果，大坝混凝土温控标准包括以下四方面内容。

（1）基础允许温差。根据《混凝土拱坝设计规范》（NB/T 10870—2021）相关规定，结合坝址区气候条件、拱坝体型和混凝土材料参数，为确保工程质量，防止基础贯穿性裂缝，对强约束区和弱约束区基础允许温差分别提出要求，大坝基础混凝土允许温差控制标准见表 7.1。

表 7.1　　　　　　　　　大坝基础混凝土允许温差控制标准

距基岩面高度（H）	浇筑块边长（L）				
	≤16m	17～20m	21～30m	31～40m	41～55m
0～0.2L	25℃	22℃	19℃	16℃	14℃
(0.2～0.4)L	27℃	25℃	22℃	19℃	17℃

（2）大坝混凝土最高温度控制标准。拉西瓦水电站大坝河床坝段混凝土各月允许最高温度见表 7.2。

表 7.2　　　　　拉西瓦水电站大坝河床坝段混凝土各月设计允许最高温度

位　置	允许最高温度/℃			
	11月至次年3月	4月、10月	5月、9月	6—8月
0～0.2L	23	23	23	23
(0.2～0.4)L	26	26	26	26
＞0.4L	26	28	30	32

（3）上、下层温差。当下层混凝土龄期超过 28d 时，其上层混凝土浇筑时应控制上、下层温差。老混凝土面上、下各 $L/4$ 高度范围内，上层最高平均温度与新混凝土开始浇

筑时下层实际平均温度之差不得超过 15℃。

（4）基础混凝土允许抗裂应力。考虑到拉西瓦水电站工程地处高原寒冷地区，坝高库大，须重视大坝混凝土温度控制及防裂。经综合分析，确定拉西瓦水电站大坝基础混凝土允许抗裂应力（表 7.3）。

表 7.3 拉西瓦水电站大坝基础混凝土允许抗裂应力

龄期/d	弹性模量标准值（E）/GPa	极限拉伸值（ε_p）/$\times 10^4$	K_f	允许抗裂应力/MPa
7	28.1	0.86	2.0	1.2
28	34.1	1.0	2.0	1.7
90	38.7	1.07	2.0	2.1
180	40.0	1.1	2.0	2.2

2. 拉西瓦水电站大坝施工期温度监测

施工期温度监测的内容包括混凝土原材料温度，混凝土出机口温度、入仓温度、浇筑温度、保温层温度以及内部温度等。

混凝土原材料放置在暖棚内，气温每 4h 测 1 次，以距混凝土面 50cm 的温度为准，四边角和中心温度的平均数为暖棚内气温值。混凝土原材料的温度应至少每 4h 测 1 次，需要测温的原材料包括骨料、水泥和粉煤灰。

在混凝土浇筑过程中，每 2h 测 1 次混凝土出机口温度、入仓温度、浇筑温度，测温深度为 10cm。混凝土浇筑温度测量时测点均匀布置，每浇筑胚层、每 100m² 仓面面积不少于 1 个测点，每个浇筑胚层不少于 3 个测点。

保温层温度观测要求为：选择有代表性的部位进行保温层内、保温层外的温度观测，同一部位测温点不少于 2 点，观测频次为每天 1 次，每个月各选 2~3d 每小时观测 1 次。进行保温层内、外温度的比较，以了解保温效果。观测仪器可采用电子温度计。

施工期混凝土内部温度测量要求为：混凝土内部最高温度临时测量时间为开始浇筑至浇后 7d，每 6h 测 1 次，温度出现高峰期间加密观测至 1h 测 1 次，直到混凝土温度升到最高温度；以后每天观测 1 次，持续 1 个月；再以后，每 2d 测 1 次，持续到该灌区接缝灌浆结束。

坝体通水冷却的各个阶段均应闷水测温，并对通水、闷温情况进行记录。不同间距水管闷温时间见表 7.4。

表 7.4 不同间距水管闷温时间

水管水平间距×垂直间距/(m×m)	1.0×1.5	1.5×1.5
闷温时间/d	4	5

（1）初期和中期通水结束后分别进行闷水测温，以确定冷却效果是否达到设计要求。未达到设计要求的，应继续通水，直到达到设计要求为止。

（2）后期通水前，对冷却水管通水检查后，应进行一次测温。各灌区相邻坝块各选取 3~4 层冷却水管进行测温，以确定混凝土冷却前的起始温度。

（3）预计混凝土温度接近设计要求的灌浆温度时，各灌区相邻坝块各选取 3～4 层冷却水管进行测温，以了解通水冷却情况。未达到设计要求的，应继续通水，直到达到设计要求为止。后期冷却结束 2 个月，尚未进行接缝灌浆的灌区，需重新测量混凝土温度。

（4）详细记录每次闷温开始日期、结束日期、闷温测量成果等。

温度观测要制定好观测制度，做好观测记录，观测单位由技术负责人根据观测结果进行分析，便于指导施工。所有温度观测资料须每周上报，如发现测量结果不符合设计技术要求，及时采取措施予以处理。

3. 混凝土温度实测资料整编分析

（1）坝体内部混凝土温度。坝体内部混凝土温度典型测值变化过程如图 7.1 所示。

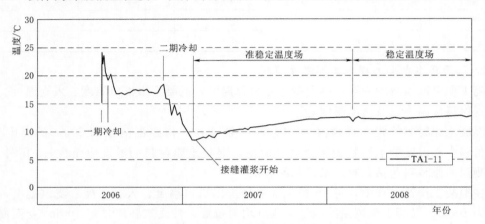

图 7.1　坝体内部混凝土温度典型测值变化过程

由图 7.1 可知，混凝土浇筑后，在入仓温度的基础上，受水化热的影响，温度随时间逐渐升高，一般经历 5～7d 后达到 25～35℃，随后历时曲线出现明显台阶状减小现象，第一次台阶温度基本处于 16～18℃，第二次台阶温度基本处于 6～10℃。从发生时刻及时段分析，历时曲线发生台阶状减小现象与人工冷却作用密切相关，两次台阶状减小分别是初期和二期人工冷却所致。

混凝土在人工冷却作用下温度降低至接缝灌浆温度后，坝体进行接缝灌浆施工，随后坝体在混凝土残余水化热和外界温度的影响下，温度缓慢回升，然后又缓慢下降，呈现小幅周期性变化。

（2）坝体表面温度。坝体表面温度施工期典型测值变化过程如图 7.2 所示。

表面温度计测值整体变化规律与外界气温变化规律一致，混凝土表面温度相对滞后外界气温约 20d，整体出现小幅滞后。混凝土表面温度呈现周期性变化，变化周期为 1 年，极大值为 16～18℃，极小值为 1.5～3.0℃。表面温度计在埋设初期（2 个星期）受到混凝土水化热影响，温度变化规律与坝体内部测点变化规律相似，随后受外界气温影响越来越大，最终变化规律与外界气温变化规律一致。

从测值变化过程可以看出，上游面表面温度计温度变幅比下游面小。上游坝面温度年变幅为 9.3～10.85℃，下游坝面温度年变幅为 12.4～13.15℃，这种现象产生的原因可能与坝轴线走向为南北向（坝址纬度为 N37°），上、下游坝面受太阳辐射强度不同及坝址区

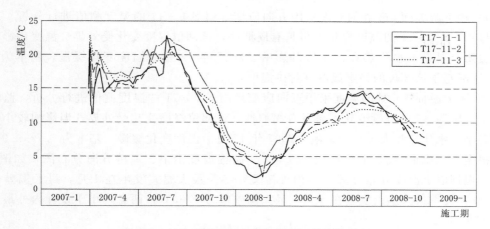

图 7.2　坝体表面温度施工期典型测值变化过程

风向影响有关。坝址区多年统计平均温度变幅为 25℃左右，可见，坝体混凝土表面温度变幅小于外界气温变幅。

（3）坝体缝面温度。前期由于相邻坝块尚未浇筑，缝面温度变化规律与坝体上、下游表面温度变化一致。相邻坝块浇筑以后，缝面温度与坝体内部温度变化规律基本一致，温度相差在 2.5℃以内。在坝体温度与缝面温度达到最小值附近（与接缝灌浆温度 7.5～9.0℃接近）后，即进行接缝灌浆，随后温度变化与坝体中部混凝土温度变化规律一致，缝面温度与坝块内部温度相差不超过 1.0℃。

横缝的张开度随着缝面及坝体内部混凝土温度的降低而逐渐增大，在温度达到最小值（7.5～9.0℃）时，横缝张开度基本达到最大值。在接缝灌浆过程中，张开度略有增加（量值为 0.5mm 左右），分析认为可能是接缝灌浆对该部位测缝计产生了一定的影响。在接缝灌浆结束后，横缝张开度基本趋于稳定，变化不大，说明接缝灌浆效果良好，拱圈整体性较好。

在接缝灌浆过程中，缝面温度出现短暂（历时 15d）下降随后又回升的过程，温降由接缝灌浆时水泥浆液温度对缝面温度的短暂影响导致，随后在缝面温度及浆液水化热的共同影响下，很快恢复到灌浆前的温度。比较坝体内部和缝面温度后可知，接缝灌浆仅对缝面温度产生过短暂（历时 15d 左右）且小幅（小于 2℃）的影响，对坝体内部温度几乎未产生影响。

（4）坝体温度平面分布特性分析。坝体温度平面分布以 11 号坝段 2280.00m 高程埋设的 4 支温度计的监测资料进行分析。由温度监测数据分析得到以下结论：

1）表面温度计 T17-11-1 及 T16-11 的温度测值整体呈现周期性变化，变化周期为 1 年，温度极大值为 14.7℃，极小值为 1.85℃，年变幅为 12.85℃，小于坝址区多年统计平均温度变幅的 25℃。

2）距下游表面 40cm 处的温度计 T17-11-2 的温度测值变化规律与表面温度计变化规律相同，温度极大值为 13.15℃，极小值为 3.5℃，年变幅为 9.65℃。

3）距下游表面 130cm 处的温度计 T17-11-3 的温度测值变化规律与表面温度计变化规律相同，温度极大值为 12.0℃，极小值为 4.95℃，年变幅为 7.05℃。

123

4）距下游表面 6m 处的温度采用五向应变计组 $S^5 9$ - 11 的温度测值进行分析。监测资料显示，$S^5 9$ - 11 的温度变化不再具有周期性，该部位温度变化受外界气温变化影响较小，主要受混凝土水化热和人工冷却影响。2007 年 12 月后温度变化缓慢，基本为 $6 \sim 8℃$，逐渐趋于该部位的稳定温度（封拱温度）$7.5℃$。

5）距上游面 6m 处的温度采用五向应变计组 $S^5 7$ - 11 的温度测值进行分析，监测资料显示，$S^5 7$ - 11 的温度变化不再具有周期性，该部位温度变化受外界气温影响较小，主要受混凝土水化热和人工冷却影响。2007 年 12 月后温度变化缓慢，基本为 $7.7 \sim 9.9℃$。

根据以上成果绘制 11 号坝段 2280.00m 高程温度沿上、下游方向分布图，如图 7.3 所示。根据以上温度分布计算拱坝内外温差，冬季最大温差发生在 1 月，最大温差值为 $10.55℃$，夏季最大温差发生在 8 月，最大温差值为 $7.69℃$，两者均小于设计内外最大温差的 $16℃$。

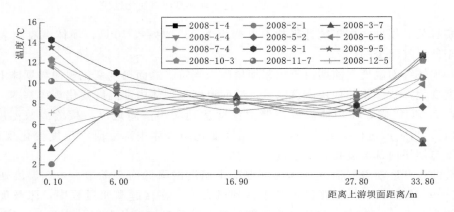

图 7.3 11 号坝段 2280.00m 高程温度沿上、下游方向分布图

根据以上实测资料进行统计回归计算，得到气温对混凝土内部温度影响的规律，计算成果见表 7.5，影响幅度分布如图 7.4 所示。

表 7.5 气温对混凝土内部温度影响计算成果表

距表面距离/m	0.1	0.2	0.3	0.4	0.5	0.6	0.7	0.8	0.9
影响幅度/℃	12.1	11.72	11.34	10.98	10.63	10.29	9.97	9.65	9.34
距表面距离/m	1	2	3	4	5	6	7	8	9
影响幅度/℃	9.04	6.54	4.74	3.43	2.48	1.79	1.30	0.94	0.68
距表面距离/m	10	11	12	13	14	16	17	18	19
影响幅度/℃	0.49	0.36	0.26	0.19	0.13	0.07	0.05	0.04	0.03
距表面距离/m	20	21	22	23	24	25			
影响幅度/℃	0.02	0.01	0.01	0.01	0.01	0			

由表 7.5 和图 7.4 可知，外界气温对混凝土的影响深度主要集中在表面 5m 范围内，外界温度引起的变幅由 $12.1℃$ 衰减至 $2.48℃$，大于 15m 深度的位置受外界温度影响十分微弱（影响幅度为 $0.78\%A_0$，A_0 为混凝土表面年变幅）。

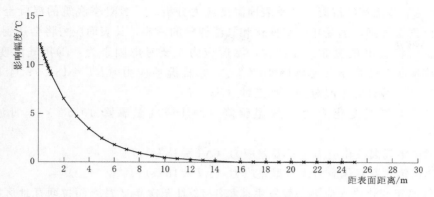

图 7.4　气温对混凝土内部温度影响幅度分布图

（5）温度与裂缝分析。大体积混凝土以大区段为单位进行施工，施工体积厚大，由此带来的问题是水泥水化作用释放出的热量使混凝土内部温度逐渐升高，产生的内部热量又不易导出，造成较大的内外温差。随着混凝土龄期的增长、弹性模量的提高，其对混凝土内部降温收缩的约束也就愈来愈大，以至产生很大的拉应力。当混凝土的抗拉强度不足以抵抗这种拉应力时，便开始出现温度裂缝，影响工程质量。如果能掌握大体积混凝土温度场变化的规律性，就能够有针对性地提出裂缝控制的方案，便于有效地保证混凝土的质量，增强混凝土的耐久性。

一般夏季浇筑的混凝土在冬季气温较低时段遇到气温骤降，受气温年变化和气温骤降的影响，表面拉应力较大；冬季低温时段浇筑的混凝土遇到气温骤降，此时混凝土自身强度不高，很容易产生裂缝。以上为施工期两种最不利的工况。

1）低温季节新浇筑混凝土遇气温骤降产生的表面温度应力。低温季节新浇筑的混凝土，由于混凝土表面自身的表面应力较大，而抗拉强度较低，再遇气温骤降，混凝土表面应力相对较大，若保护不及时，混凝土容易开裂。

根据多年气温骤降统计频率，冬季气温较低时段气温骤降幅度最大为 10.5℃，日温差 $\Delta T=10℃$，同时叠加混凝土自身的表面应力，计算结果见表 7.6。

表 7.6　　　　　低温季节新浇混凝土遇气温骤降时的混凝土表面应力

保温材料（β）/[kJ/(m²·h·℃)]	强度等级	气温骤降应力（2 日型寒潮）/MPa		日温差应力（$\Delta T=10℃$）/MPa		水化热温升应力/MPa		最大应力（σ）/MPa		允许应力/MPa		抗裂安全系数	
		7d	28d	7d	28d	7d	28d	7d	28d	7d	28d	7d	28d
有表面保护（$\beta=3.05$）	C32	0.40	0.50	0.06	0.08	0.29	0.34	0.75	0.92	1.14	1.61	2.73	3.14
	C25	0.38	0.49	0.06	0.07	0.28	0.33	0.72	0.89	1.07	1.53	2.67	3.09
	C20	0.37	0.47	0.06	0.07	0.27	0.32	0.69	0.86	0.95	1.45	2.46	3.04

由表 7.6 可知，低温季节新浇混凝土在早龄期（28d 前）遇气温骤降，混凝土表面保护后的 β 不大于 3.05kJ/(m²·h·℃) 时，混凝土表面抗裂安全系数为 2.46～2.73，大于 1.8，满足设计要求。

2）高温季节浇筑的混凝土冬季表面温度应力分析。一般夏季浇筑的混凝土在气温下降时再遇到气温骤降，因受年气温变化和气温骤降的影响，其表面应力将会达到最大，若不进行保护，将会出现裂缝。计算时，温度应力主要考虑因素为：①年气温变化应力；②气温骤降应力（2 日型气温骤降 10.5℃）；③日温差应力（$\Delta T = 18℃$）；④日温差应力（$\Delta T = 10℃$）。计算工况分为下列三种（表 7.7）：

工况 1：年气温变化应力＋气温骤降（2 日型气温骤降 10.5℃）＋日温差应力（$\Delta T = 10℃$）。

工况 2：年气温变化应力＋日温差应力（$\Delta T = 18℃$）。

工况 3：年气温变化应力＋日温差应力（$\Delta T = 18℃$）。

由于气温年变化最大应力一般发生在每年 12 月至次年 2 月，而拉西瓦地区寒潮最大降温幅度一般发生在每年的 4—5 月，计算时叠加了 1 月的年变化应力，因此采用 2 日型气温骤降 10.5℃。

表 7.7　　　　　　　　高温季节浇筑的混凝土过冬时的混凝土表面应力（180d）

保温材料（β）/[kJ/(m²·h·℃)]	强度等级	①年气温变化应力/MPa	②气温骤降应力（2 日型气温骤降 10.5℃）/MPa	③日温差应力（$\Delta T = 18℃$）/MPa	④日温差应力（$\Delta T = 10℃$）/MPa	工况 1：①＋②＋④ 组合最大应力（δ_1）/MPa	工况 2：①＋③ 组合最大应力（δ_2）/MPa	工况 3：①＋② 组合最大应力（δ_3）/MPa	允许抗裂应力/MPa	抗裂安全系数		
										k_1	k_2	k_3
有表面保护（$\beta=3.05$）	C32	0.86	0.62	0.16	0.09	1.57	1.02	1.48	2.08	2.38	3.66	2.53
	C25	0.84	0.60	0.16	0.09	1.53	0.99	1.44	1.95	2.30	3.54	2.44
	C20	0.81	0.59	0.15	0.09	1.48	0.96	1.40	1.87	2.27	3.49	2.40

由表 7.7 可知，第一种工况为最不利工况，即年气温变化应力＋气温骤降（2 日型气温骤降）＋日变幅应力（$\Delta T = 10℃$）组合，该组合下的表面应力 δ_1 最大为 6.67MPa；第二种工况应力最小，即年气温变化应力＋日变幅应力（$\Delta T = 18℃$）组合，该组合下的表面应力 δ_2 最小为 4.07MPa。当混凝土表面保护后的 β 不大于 3.05kJ/(m²·h·℃) 时，各种工况下的混凝土表面应力均满足设计要求，其抗裂安全系数均大于 1.8。最不利工况下的混凝土表面抗裂安全系数为 k_1 为 2.27～2.38，大于 1.8，满足设计要求。

通过以上计算分析可知，施工期混凝土表面温度应力基本满足混凝土抗裂设计标准，因此混凝土保温措施较好，混凝土表面裂缝出现较少。

4．施工期温控水平及措施评价

（1）坝体混凝土施工温度控制。当年 11 月至次年 3 月混凝土浇筑温度和最高温度均满足设计要求；4 月浇筑温度最大值与设计值（2.4℃）相比略大，10 月满足设计要求；5—9 月混凝土浇筑温度与设计值相比略大，局部测点最高温度高于设计最高温度，但小于 4℃。

（2）接缝灌浆温度。拉西瓦水电站大坝坝体混凝土温度基本满足接缝灌浆温度要求，但存在局部坝体混凝土温度偏高的现象（最大值为 2.54℃）；坝体横缝间测缝计测值满足接缝灌浆对于横缝张开度的要求。

（3）坝体混凝土温差分析。坝体混凝土内外温差能够满足设计要求。

拉西瓦水电站大坝实测基础温差最大为 19.65℃，小于设计允许值；混凝土上、下层温差实际测值最大为 9℃，小于设计允许值 15℃；混凝土浇筑温度有 94.4% 的测点满足允许浇筑温度，混凝土初期冷却历时 15d，日均降温 0.33℃，二期降温 78d，日均降温 0.128℃。

（4）施工期温度场特性分析。根据 TA01-11 温度计的监测成果，拱坝混凝土内部温度经历了 2 个台阶状的下降过程，台阶处最小值分别为 16.0℃、8.0℃。这主要是由一期、二期的人工冷却因素所致，在温度进入准稳定温度场区域后（温度为 8.0℃左右），进行接缝灌浆（此时温度为 7.8℃左右），随后由于混凝土残余水化热等因素的影响，温度有所回升，回升值大约为 4℃，混凝土温度维持在 12℃附近。

11 号坝段在 2008 年 7 月时 2300.00m 高程以下已经达到准稳定温度场，到 12 月时 2320.00m 高程以下基本达到准稳定温度场。温度场分布基本合理，场区温度梯度较大位置出现在坝趾区域和上部新浇筑混凝土区域。

（5）混凝土温度场的参数反馈计算。利用拉西瓦水电站坝体埋设的温度计组及气象资料进行混凝土实际热力学参数的反馈计算，反馈计算得出的混凝土导温系数与设计采用值基本吻合。混凝土表面（考虑保温板）实际放热系数略小于温控计算值，说明保温效果较好。经计算分析，外界气温对混凝土的影响深度主要集中在表面 5m 范围内，大于 15m 深度的位置受外界温度影响十分微弱（约 1% 的变幅影响），混凝土表面温度相位变化滞后外界气温大约 0.139π。

7.1.2　接缝灌浆与监测

1. 接缝灌浆应具备的条件

（1）坝体混凝土温度。接缝灌浆前必须测定灌区两侧坝块和压重块的混凝土温度，检查是否达到灌浆温度。除埋设温度计作长期观测外，宜采用闷管测温法进行校核。闷温采用所测灌区上、中、下 3 层冷却水管测温的平均值，闷温时间按 3～5d 考虑。二期通水冷却结束后至接缝灌浆时间间隔不少于 2 个月，同时需对灌区混凝土温度进行重新测量。

（2）横缝张开度。横缝张开度是判断缝面可灌性的重要指标，接缝灌浆前须测定每个灌区的缝面张开度。拉西瓦水电站接缝灌区主要预埋了差阻式测缝计。当灌区缝面张开度大于 1.0mm 时，采用普通硅酸盐水泥灌浆；当灌区缝面张开度为 0.5～1.0mm 时，采用普通硅酸盐磨细水泥灌浆；当灌区缝面张开度小于 0.5mm 时，采用坝块超冷方式改善缝面张开度。若仍不能满足灌浆要求，可采用改性环氧树脂类化学灌浆。

在灌浆过程中，每个灌区均应在缝面顶部设置变形监测装置以监测接缝在灌浆过程中的增开度。缝面的增开度允许值不得超过 0.3mm，为防止灌浆过程中缝面增开度超出设计规定值，灌浆前对该灌区及其相邻区域设置抬动观测装置；灌浆时对于能用千分表观测的灌区，采用千分表与测缝计控制灌浆，千分表观测不到的灌区，以测缝计数据控制灌浆。

（3）混凝土龄期。灌区两侧坝块混凝土龄期应大于 6 个月，少数特殊灌区混凝土龄期小于 6 个月时，在采取补偿混凝土变形等有效冷却措施的情况下，混凝土龄期也不宜小于 4 个月。

（4）其他要求。灌区密封，管路和缝面应畅通。灌浆一般宜安排在12月中旬至次年4月低温季节进行，在其他时间灌浆应采取必要的施工措施。

2. 接缝灌浆温度

为了解接缝灌浆施工时坝体温度，在灌浆时加密观测，灌浆时温度变化见表7.8。由表7.8可知，坝体混凝土温度基本满足接缝灌浆要求，局部坝体混凝土温度偏高（最大偏高值为2.5℃）。

表7.8　　　　　　　　　　　　　　　灌浆时温度变化

灌区	灌浆日期	温度计编号	灌浆时温度计测值/℃	设计接缝灌浆温度/℃	2008年12月温度测值/℃
11-13	2008-9-7	T23-11	10.00	7.50	6.80
11-14	2008-4-14	T20-11	7.95	7.50	7.55
11-15	2008-3-31	T19-11	7.40	7.50	8.10
11-16	2008-2-14	T18-11	7.60	7.50	8.75
11-17	2008-1-2	T15-11	8.20	7.50	9.55
11-19	2007-10-9	T14-11	8.20	7.50	9.60
11-21	2007-6-15	T11-11	7.75	7.50	10.25
11-22	2007-5-25	T8-11	10.00	8.50	11.20
11-23	2007-2-23	T7-11	10.00	9.00	11.70
11-24	2007-2-23	T6-11	7.30	9.00	13.70
11-25	2007-2-5	T1-11	7.75	9.00	12.90

3. 横缝张开度及增开度分析

（1）施工期横缝张开度变化过程。混凝土浇筑完成初期横缝宽度基本为零。在一期通水冷却过程中，坝体混凝土相应表现为体积先膨胀后收缩，但收缩量不足以抵消膨胀量，拱轴线方向的膨胀效应使得各坝段在横缝位置产生压应力，横缝张开度出现负值，这时缝面是闭合的。也有些灌区在一期通水冷却过程中横缝呈张开状态，这是坝体自重和温度荷载综合作用的效果。

在一期冷却结束和二期冷却开始这段时间内，坝体混凝土温度在水泥水化热的作用下开始回升。同时在混凝土徐变、自生体积变形等因素的影响下，横缝张开度处于波动状态，测值规律不明显。

在二期冷却过程中，由于水管通水冷却及表面散热的综合降温作用，坝体混凝土温度逐渐下降，横缝张开度逐渐增加。一般在二期冷却结束时，温度达到最低值，横缝张开度达到或接近最大值。

接缝灌浆开始阶段，受施工影响，横缝张开度有增大现象；接缝灌浆完成后，虽然混凝土温度有缓慢升高，但是横缝张开度基本不再发生变化，说明接缝灌浆效果很好，拱圈整体性较强。

（2）2240.00m高程拱圈横缝时空分布分析。2240.00m高程拱圈横缝张开度分布图如图7.5所示。

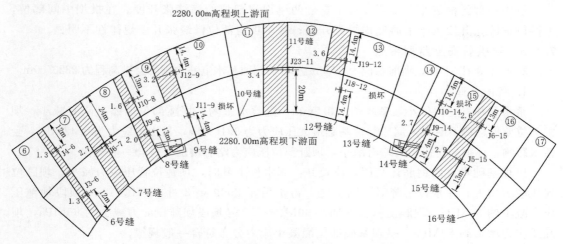

图 7.5　2240.00m 高程拱圈横缝张开度分布图（测值单位：mm）

接缝灌浆前，横缝张开度均大于 0.5mm；接缝灌浆前后，最大张开度均发生在 12 号横缝上游：灌浆前最大开度约为 3.7mm，灌浆后开度稳定在 4mm 左右；接缝灌浆后，横缝张开度测值平稳，基本无变化，测值为 1～4mm。

在沿拱圈方向，缝宽自拱端向拱冠由窄变宽；在上下游方向，拱冠附近横缝上游宽而下游窄，拱坝中部横缝张开度普遍大于坝肩部位。

（3）2280.00m 高程拱圈横缝时空分布分析。2280.00m 高程拱圈横缝张开度分布图如图 7.6 所示。

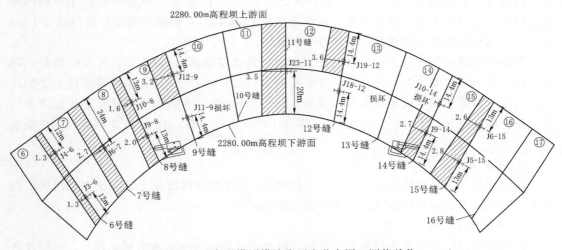

图 7.6　2280.00m 高程拱圈横缝张开度分布图（测值单位：mm）

接缝灌浆前，大部分横缝张开度大于 0.5mm，仅 6 号横缝下游、7 号横缝中部测值小于 0.5mm；接缝灌浆后，横缝最大张开度发生在 11 号坝段中部，该部位在接缝灌浆前测值约为 3.1mm。接缝灌浆后，横缝张开度略有上升，最后稳定在 4.7mm 左右。运行期横缝张开度变化幅值很小，基本趋于稳定。大部分横缝张开度在 4mm 以内。

拱坝中部的横缝张开度明显大于靠近两岸坝肩部位的横缝张开度。在拱坝中间部位，上游侧横缝张开度大于下游侧横缝张开度；两岸坝肩部位横缝张开度规律性不明显。

7.1.3　封拱后安全监测特点

2009 年 3 月 31 日，坝前水位为 2368m 左右，拉西瓦水电站大坝的封拱高程为 2320.00m。

1. 坝体变形

蓄水后基岩变位较小，基本为 ±0.5mm，受蓄水影响，坝踵部位压缩量略有减小，坝趾部位变形趋势不明显。河床部位基础最大压应力为 3.16MPa，最小压应力为 0.42MPa，受蓄水影响，坝踵部位压应力略有减小，坝趾部位压应力略有增加，符合一般规律。

拱坝基础垂直向钢筋计测值规律较好：库水位上升时，坝踵位置压应力减小，坝趾位置压应力增大；库水位下降时，则反之。蓄水后至 2009 年 3 月 31 日，11 号坝段坝踵压应力减少约 30MPa，坝趾压应力增加约 30MPa；12 号坝段坝踵压应力减少约 60MPa，坝趾压应力增加约 60MPa，拱坝基础部位混凝土应力分布符合一般规律。

2. 基础接缝及横缝

封拱后建基面测缝计测值基本稳定，变幅不大于 0.1mm，与库水位相关性不明显，表明基础接缝较密实。

蓄水时坝体上部混凝土的浇筑和灌浆还在继续进行，横缝受库水压力作用而压紧，对灌浆不利。大坝横缝受库水位影响，横缝呈现出一定的压缩现象，压缩量一般小于 0.5mm，且下部高程压缩量大于上部高程压缩量。以拉西瓦水电站大坝 2280.00m、2320.00m、2360.00m、2380.00m 高程拱圈及大坝 11 号、16 号、7 号横缝为例，蓄水后各条横缝普遍出现压缩现象，压缩量小于 1mm。从各层拱圈压缩量分布看，2280.00m 高程拱圈横缝压缩量最大，2320.00m 高程次之，2360.00m 高程拱圈压缩量最小；局部出现横缝张开度增大现象，拱端横缝张开度增量在 2mm 以内，拱圈中部张开度增量在 1mm 以内，拱圈横缝张开度变化量分布符合一般规律。

各层拱圈同一条横缝上下游方向张开度变化量规律整体不明显：2280.00m 高程拱圈横缝张开度呈现压缩状态，上下游侧压缩量较为接近；2320.00m 高程拱圈横缝上游侧压缩量大于下游侧，局部张开度有增大现象；2360.00m 高程拱圈横缝张开度变化规律不明显。从典型横缝张开度分析，拱冠 11 号横缝压缩现象比 7 号、16 号横缝明显，底部横缝压缩现象比上部明显。

3. 温度场状态

蓄水期间，大坝温度场重新调整，上游面 5m 范围内坝体混凝土温度受库水温度影响较大，中部及下游侧坝体混凝土受库水温度影响较小。

4. 拱坝及基础渗流状态

帷幕前渗透压力与库水位相关性显著，帷幕后渗透压力在蓄水后变化较小，基础渗透压力从上游到下游呈现递减状态。

枢纽区两岸地下水位变化较为平稳，帷幕前地下水位与库水位相关性显著，帷幕后地下水位与库水位相关性不明显。帷幕前地下水位在 2300.00～2360.00m 高程，帷幕后地下水位在 2230.00～2300.00m 高程。帷幕前地下水位长期观测孔内水位在蓄水前后最大抬升 66m。

7.2 蓄水初期一般规律

7.2.1 坝体变形监测特点

1. 坝体水平位移

（1）坝体径向位移。水库蓄水初期坝体及两岸边坡要经历一个水位大幅度提升的过程，所以蓄水期水位是影响坝体变形的主要因素。坝体径向位移与库水位的变化呈现显著的正相关关系，即库水位上升，坝体向下游位移；库水位下降，坝体向上游位移。此外，库水位的上升还会改变库区水文地质条件，使得坝体和坝基产生较大的不可逆变形。大坝水平拱圈径向位移呈现中间大、两端小的特点；悬臂梁径向位移随着高程的增大而增大，基础变形相对较小；坝体变形具有较好的对称性。

锦屏一级水电站、大岗山水电站、二滩水电站、小湾水电站大坝在各阶段蓄水过程中，大坝径向位移与库水位都有良好的相关性[65-68]。大岗山水电站库水位由 1015.00m 上升至 1130.00m 期间，各高程测点表现为向下游位移，位移增量为 1.91～77.08mm，其中 1135.00m 高程测点位移增量最大，1080.00m 高程测点位移增量次之，940.00m 高程测点位移增量最小。各高程拱圈分布规律类似，整体表现为以拱冠 14 号坝段为界，向两岸径向变位逐渐减小，各高程拱圈的径向变位均表现出良好的对称性。

（2）坝体切向位移。蓄水初期库水位仍是影响坝体切向位移的主要因素，表现为库水位升高，坝体向两岸变形，反之则向河床回弹变形，拱冠受库水位变化影响不甚显著；沿高程方向，高高程的切向位移基本大于低高程的切向位移；沿坝轴线方向，相对而言，左右 1/4 拱部位切向位移较大，由此部位向两边逐渐减小，两岸坝肩和拱冠部位切向位移较小。

锦屏一级、大岗山、二滩、乌东德等水电站大坝在各阶段蓄水过程中，大坝切向位移与库水位有良好的相关性。锦屏一级水电站 11 号坝段，蓄水期切向位移与库水位相关系数为 0.62～0.88；大岗山水电站大坝库水位上升时左岸表现为向左岸变形，右岸表现为向右岸变形，切向变位零值大致位于拱冠坝段，库水位平稳时，切向位移变化量较小。乌东德水电站大坝蓄水后坝体切向位移增量差值与库水位相关系数高达 0.92。

另外，蓄水初期库水位的升高会使得周围环境产生较大的变化，由此对坝体或坝基带来不可逆变形。二滩水电站大坝蓄水初期，由于水文地质条件变化，两岸坝段分别产生了向两岸的不可逆变形，此后，趋势性位移逐渐趋于稳定。乌东德水电站大坝第一阶段蓄水差值相对于第二阶段蓄水差值大，这可以看作是非弹性的影响较大造成的（通常非弹性变形多发生在大坝第一次蓄水过程中）。

综上可知，蓄水期特高拱坝坝肩变形以切向位移为主，拱冠部位变形以径向位移为主，拱端和拱冠之间逐步过渡。

（3）坝体水平位移的对称性。对于拱坝的对称位置而言，其径向位移与切向位移变化规律基本一致，但存在一定差异，通常由地质结构、地形以及坝体结构差异所致。

拉西瓦水电站大坝 3 号与 5 号垂线的径向位移增量值之差并不是一个恒定的差值，2350.00m 高程以下部位差值相对较小且变化相对稳定，2350.00m 高程以上部位最大差值达−7.01mm；二滩水电站大坝 33 号坝段径向位移明显小于 11 号坝段，产生这种不对称变形的主要原因是 33 号坝段"矮胖"的体型，不同坝段，体型越"矮胖"，刚度越大，受水压荷载的影响越小；乌东德水电站大坝 4 号坝段和 12 号坝段切向位移在蓄水前相差 1.07mm，第一阶段蓄水时相差 1.88mm，第一阶段蓄水后相差 1.47mm。

2. 坝体垂直位移

蓄水初期拱坝垂直位移亦主要受库水位的影响。一方面，若坝体体型向上游倒悬，坝体在自重作用下处于向上游河床方向微倾的状态，当库水位升高时，坝体倒悬面以下的竖直向水压力产生向上顶托坝体的作用；另一方面，坝体在水平向水压力作用下发生向下游方向的弯曲变形和扭转，使得坝体上游侧的垂直位移相对抬升。所以，在蓄水期，拱坝垂直位移应是向上抬升的。

拉西瓦水电站大坝垂直位移整体变化平稳，呈上抬现象，无趋势性变化；锦屏一级水电站大坝低高程廊道早期由于施工自重等影响，整体呈沉降趋势，后期当水位升高时，各高程廊道整体呈回弹趋势，1829.00m 高程以上廊道由于起测阶段与蓄水阶段同步，水位抬升期垂直位移呈上抬趋势。两岸坝基个别高程出现凸起现象，但是坝体各坝段沉降变形协调，整体沉降变形符合拱坝一般规律。

7.2.2　坝基变形

1. 径向位移

蓄水初期，坝基径向位移总体表现为向下游变形，水位越高，变形越大，水位越低，变形越小，总体量值较小，基本呈对称分布。两岸坝基径向位移规律亦表现为向下游变形，高程越高，变形越大。

锦屏一级水电站河床中部坝段坝基径向位移与库水位相关性较高，13 号坝段坝基径向位移与库水位相关系数达 0.93 左右；河床坝段坝基径向位移大于岸坡坝段，左岸坝段坝基径向位移大于右岸。溪洛渡水电站大坝蓄水初期，库水位上升，径向位移表现为向下游变形，位移量值为−0.32~6.37mm；切向位移主要表现为向右岸变形，最大位移量值为 1.36mm；库水位回落，径向位移表现为向上游变形，位移量值为−2.05~0.01mm，切向位移量值较小，趋势不明显。大岗山水电站大坝在 1015.00~1130.00m 高程蓄水过程中，两岸坝基均呈现向下游变形的规律，左岸量值为 1.61~2.27mm，右岸量值为 0.73~0.84mm。

2. 切向位移

蓄水初期，库水位上升，坝基切向位移基本呈右岸向右变形、左岸向左变形的规律；库水位回落，坝基切向位移基本呈左岸向右岸变形、右岸向左变形的规律，整体向河床变形，坝基整体切向位移量值较小。

小湾水电站大坝坝基切向位移表现为：右岸 9 号、15 号、19 号坝段位移量值为−1.08~−4.85mm，库水位上升时坝基向右岸变形，库水位下降则反之；左岸 25 号、29 号、35 号坝段位移量值为−0.42~3.57mm，库水位上升时坝基向左岸变形，库水位下降则反之。大岗山水电站大坝库水位在 1015.00~1130.00m 高程抬升过程中，左岸山体各垂线切向位移量值小于 3.5mm；蓄水至各水位时，左岸坝基向左岸变形，右岸山体各垂线切向位移基本指向右岸，整体量值较小；6 号、10 号、14 号、19 号坝基变形测点在各水位工况下，量值小于 4.00mm。

3. 垂直位移

坝基垂直位移随着大坝浇筑高度的增加表现为压缩变形,主要集中在大坝施工期,蓄水期的坝基垂直位移基本趋于稳定,变化量较小。蓄水初期在水压荷载持续作用下,由于水文地质条件变化,坝基会产生较大的不可逆变形。

锦屏一级水电站坝基岩体变形与坝体浇筑高程关系密切,与水位相关性不显著。前期随着坝体浇筑高程的上升,坝基岩体变形增长较快。2011 年 10 月,该坝段浇筑高程达到1730.00m(建基面以上 150m,1/2 坝高),坝基压缩量为 10.08mm,达到总压缩量的76.7%,之后变形逐渐趋缓,2013 年 6 月后坝基岩体变形稳定,受蓄水影响不明显。小湾水电站大坝坝基深部变形随水位上升而变化,坝踵变形总体向压缩减小趋势发展,坝中及坝趾变形向压缩增加趋势发展,受库水位影响,低高程较高高程明显,坝基垂直位移相对于库水位的变化有一定的滞后,在高水位运行对坝基垂直位移影响相对较大。

7.2.3 接缝变形

在蓄水初期,拱坝横缝基本表现为压紧状态,坝体横缝张开度变化平稳,与库水位相关性不显著。

拉西瓦水电站大坝 7 号、11 号、19 号坝段坝体横缝张开度基本为 $-1 \sim 4$mm,前期随混凝土温度降低而增大,接缝灌浆完成后测值基本保持不变,后期随水位的抬升或降落,变化量不超过 0.5mm,变化规律不明显;建基面接缝张开度基本在 1mm 以下,变化较小,呈平稳态势。溪洛渡水电站大坝横缝灌浆前后,上游侧变化量为 $-2.15 \sim 0.35$mm,中部变化量为 $-2.49 \sim 0.28$mm,下游侧变化量为 $-1.72 \sim 0.66$mm。蓄水前后,横缝上游侧变化量为 $-2.15 \sim 0.73$mm,中部变化量为 $-2.48 \sim 0.94$mm,下游侧变化量为 $-1.75 \sim 0.98$mm,整体呈闭合趋势。大岗山水电站大坝横缝灌浆完成后,大多数呈压缩状态,工作性态正常,个别测值较大,主要是受附近灌区接缝灌浆影响,随着库水位的进一步上升,坝体横缝均表现为压紧或接触状态,且呈闭合趋势,较第一次蓄水至1120.00m 高程时进一步压缩,但量值很小。锦屏一级水电站大坝横缝自蓄水以来,绝大多数测点变化量较小,首次蓄水至正常蓄水位与开始蓄水时相比,92.75% 的测缝计变化量小于 0.1mm,坝基 97.22% 的测缝计变化量小于 0.1mm,垫座 82.61% 的测缝计变化量小于 0.1mm。

7.2.4 渗流渗压

1. 坝基扬压力

拉西瓦水电站、锦屏一级水电站、溪洛渡水电站、二滩水电站、大岗山水电站、小湾水电站大坝坝基渗压情况见表 7.9。

表 7.9 　　　拉西瓦水电站、锦屏一级水电站、溪洛渡水电站、二滩水电站、
　　　　　　大岗山水电站、小湾水电站大坝坝基渗压情况

拱坝	帷幕后折减系数		排水幕折减系数	
	设计值	实测值	设计值	实测值
拉西瓦水电站	$0.40 \sim 0.60$	$0.25 \sim 0.56$	$0.20 \sim 0.35$	$0 \sim 0.10$
锦屏一级水电站	$\leqslant 0.40$	$0 \sim 0.39$	$\leqslant 0.20$	$0 \sim 0.11$

续表

拱坝	帷幕后折减系数		排水幕折减系数	
	设计值	实测值	设计值	实测值
溪洛渡水电站	≤0.40	0.09~0.23	≤0.20	0.03~0.11
二滩水电站	≤0.50	0.38	≤0.20	0.16
大岗山水电站	≤0.40	0~0.26	≤0.20	0~0.10
小湾水电站	0.40~0.60	0~0.33	0.20~0.35	0~0.07

2. 渗漏量

坝基渗漏量主要受库水位变化影响，表现为随库水位升降呈同步的增大或减小变化，且总体上呈现逐年递减趋势。

3. 绕坝渗流

拉西瓦水电站大坝两岸关键位置布设了地下水位长期观测孔，根据蓄水期实测资料，在库水位处于 2448.00m 高程的工况下，左岸帷幕上游侧的水位处于 2356.00~2443.00m 高程，且岸外水位高于岸里水位（即越远离河床水位越低，定义为：接近河床为岸外，远离河床为岸里），帷幕下游侧的水位处于 2288.00~2345.00m 高程，且岸外水位高于岸里水位，帷幕后其他部位水位基本处于 2235.00~2273.00m 高程，且离帷幕越远、越靠近河床，水位越低；右岸帷幕上游侧的水位处于 2405.00~2448.00m 高程，且岸外水位高于岸里水位，帷幕下游侧的水位处于 2326.00~2405.00m 高程，且岸外水位高于岸里水位，帷幕后其他部位水位基本处于 2239.00~2294.00m 高程，且离帷幕越远、越靠近河床，水位越低。

对比拉西瓦水电站两岸的地下水位可知，右岸地下水位要明显高于左岸，这主要是受右岸地下引水发电系统等因素影响。根据两岸地下水位与坝前库水位相关性可知，两岸地下水位与坝前库水位的相关性在帷幕上游侧表现得较为明显，在帷幕下游侧不明显。

7.2.5 应力

1. 坝基应力

坝基应力随坝体浇筑高程的增加以及混凝土温度的回升，垂直向压应力逐渐增大。受坝体倒悬影响，坝基压应力分布规律总体表现为上游侧、中部、下游侧应力依次减小。

拉西瓦、锦屏一级、溪洛渡、小湾等水电站大坝坝基混凝土与基岩交界面总体表现为受压状态，下闸蓄水前坝踵压应力为 2.58~8.19MPa，正常蓄水位时坝踵压应力为 2.75~4.30MPa；下闸蓄水前坝趾压应力为 0.65~1.95MPa，正常蓄水位时坝趾压应力为 0.91~3.00MPa。

2. 坝体应力

坝体混凝土浇筑期间，基础强约束区垂直向应力主要受坝体自重影响，整体处于受压状态，随着坝体浇筑高程的增加，压应力呈增长趋势；封拱后，垂直向压应力依然呈增长趋势；蓄水过程中，垂直向应力呈减小趋势，但整体仍处于受压状态。随着库水位的上升和下降，大坝上游面和下游面的切向应力分别表现为增大和减小，大坝上游的径向应力和垂直应力变化规律不明显。

　　大岗山水电站大坝蓄水至 1130.00m 高程过程中，上游侧垂直应力变化值为 0.25～0.90MPa，表现为压应力减小；下游侧垂直应力变化值为－4.00～－0.53MPa，表现为压应力增大，总体上垂直向应力对称性较好。切向正应力变化值为－1.85～0.58MPa，总体上表现为切向压应力增大，对称性不明显。

　　小湾水电站大坝坝踵部位垂直应力随水位上升呈减小趋势，坝趾部位垂直应力随水位上升呈增加趋势。正常蓄水位时坝踵垂直应力最大减小 3.23MPa，对称坝段竖向应力分布总体接近。各坝段坝踵、坝趾拱向均受压，随水位上升呈增加趋势；正常蓄水位时坝踵拱向应力最大增加 3.29MPa，坝趾拱向应力最大增加 5.54MPa。各坝段坝踵、坝趾径向均受压，总体随水位上升呈增加趋势；正常蓄水位时坝踵径向应力最大增加 1.8MPa，坝趾径向应力最大增加 5.71MPa。

7.2.6　温度

　　坝体表面温度在蓄水前主要受外界气温影响，蓄水后，坝体上游面温度主要受坝前库水温影响，下游面受外界气温影响较大。拉西瓦水电站大坝处于高海拔地区，设计封拱温度为 7～9℃。锦屏一级、溪洛渡、二滩、大岗山等水电站大坝设计封拱温度为 12～18℃，各拱坝实际封拱温度基本满足设计要求。封拱后各拱坝的温度均出现不同程度的回升，最高温升为 19℃，平均温升为 3～7℃。低高程回升温度较高，高高程略低，且持续多年仍未达到稳定温度场。拉西瓦水电站大坝受坝址处高山峡谷地形地貌及河道走向影响，即左岸（北岸）受到日照的时间较长，右岸（南岸）基本受不到日照，因此两岸存在一定温差。

7.3　运行期监测重点

　　（1）通常情况下，随着水库大坝的长期运行，坝体、坝基及两岸边坡的变形会趋于收敛。拉西瓦水电站大坝蓄水后，短期内拱冠坝顶部位径向位移历年峰值平均每年增长 1.6mm，库水位达到正常蓄水位七年后，坝顶径向位移呈收敛趋势；坝体弦线历年变化的最大值和最小值均有逐年缩短的趋势，基于垂线监测的弦长平均每年缩短 0.74mm，基于表部变形监测的弦长平均每年缩短 1.5mm，近年来有一定收敛趋势。

　　针对特高拱坝长期运行，变形监测需予以密切关注和深入研究。变形监测本就是坝体安全监测的重点内容，而对于特高拱坝而言，除了持续保持变形监测外，还需对监测资料进行深入的分析，尤其是时效因子对于坝体变形的影响，以及变形量与渗流、温度、应力等效应量内在的相互影响。此外，还需对坝体、坝基及两岸边坡的变形机理进行深入研究，更好地分析坝体变形的成因，从而更好地实现大坝变形监测。

　　（2）通常情况下，随着大坝的长期运行，坝基及坝肩渗流会逐步达到稳定状态。运行期拱坝渗流监测的重点包括坝基扬压力和坝肩渗流因特殊工况产生的异常变化，大坝及坝肩若有长期趋势性形变对防渗结构可能产生的影响。日常监测中应重点关注校核水位、地震等工况发生后坝基扬压力的前后变化，持续关注未收敛测点测值的长期变化趋势等。

　　（3）特高拱坝坝身泄水建筑物主要包括坝身底孔及临时底孔、深孔和表孔等。泄洪孔的布置形式及结构在坝身中属于敏感关键部位，通常需要重点监测，监测内容主要包括应力应变监测、预应力锚索拉力监测、水力学监测等。在拱坝长期运行过程中，结合闸墩钢筋受力监测，对比闸墩锚索设计吨位、永存吨位等荷载变化情况，综合评价闸墩结构稳定性。

第 8 章

特高拱坝工作性态仿真与反演分析

拱坝作为一种超静定结构，温度荷载对大坝变形和应力影响显著。特高拱坝结构，温度荷载约占全部荷载 30%；在高寒地区，温度荷载占全部荷载的比例甚至可以达到 50% 以上，温度荷载分析的准确性对大坝安全运行至关重要。

8.1 拱冠变形成果对比分析

为了进行更深入的分析，进一步评价大坝及基础的变形性态，下面将坝体的实测变形值、理论计算值和模型试验值进行对比分析。大坝及基础变形计算的基本荷载为坝体自重＋上游正常蓄水位水荷载＋泥沙荷载＋正常蓄水位对应下游水位的水荷载，实测变形值的经典工况为正常蓄水位＋温降、正常蓄水位＋温升。

拉西瓦水电站大模型试验[69-70]在清华大学水利系水工结构实验室的大型模型试验槽内进行，比例尺为 1:250。上游实际模拟距离为 200m，约合 0.8 倍坝高；下游实际模拟距离为 440m，约合 1.76 倍坝高；坝体基础深度实际模拟 230m，约合 0.92 倍坝高；模型左右宽 775m（右岸 400m，左岸 375m）；坝顶以上按实际地形模拟到 2500.00m 高程。

拱冠部位顺河向变形有限元计算成果、模型试验成果、实测变形成果（典型工况 1 与典型工况 2）对比见表 8.1，拱冠部位变形有限元计算值、模拟试验值和实测变形值成果对比图如图 8.1 所示。其中典型工况 1、典型工况 2 分别如下。

表 8.1　拱冠部位顺河向变形有限元计算成果、模型试验成果、实测变形成果对比

有限元计算成果		模型试验成果		实测变形成果			
				典型工况 1		典型工况 2	
高程/m	拱冠部位变形量/mm	高程/m	拱冠部位变形量/mm	高程/m	拱冠部位变形量/mm	高程/m	拱冠部位变形量/mm
2460.00	87.80	2460.00	80.60	2460.00	73.38	2460.00	63.82
2430.00	87.20	2420.00	64.40	2405.00	59.77	2405.00	56.75
2400.00	77.70	2340.00	45.20	2350.00	51.67	2350.00	50.87
2360.00	68.70	2260.00	12.80	2295.00	38.03	2295.00	37.84

有限元计算成果		模型试验成果		实测变形成果			
				典型工况1		典型工况2	
高程/m	拱冠部位变形量/mm	高程/m	拱冠部位变形量/mm	高程/m	拱冠部位变形量/mm	高程/m	拱冠部位变形量/mm
2320.00	59.00	2240.00	9.90	2250.00	21.65	2250.00	21.61
2280.00	46.70	2210.00	5.60	2220.00	10.05	2220.00	10.16
2250.00	34.80						
2220.00	19.70						

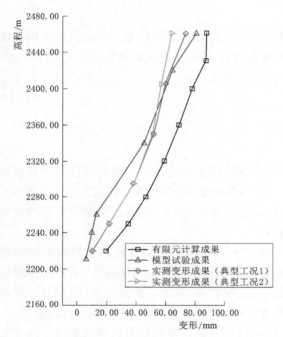

图8.1 拱冠部位变形有限元计算值、
模型试验值和实测变形值成果对比图

典型工况1：2020年2月27日，温降工况＋2451.08m高程水位。

典型工况2：2020年8月14日，温升工况＋2450.44m高程水位。

对以上有限元计算值、模型试验值和实测变形值进行对比分析可知以下结论：

（1）典型工况下各部位实测变形值均小于相应的有限元计算值，最大实测变形值约为有限元计算值的84%。

（2）实测变形值与模型试验值相比，2350.00m高程以下略大于模型试验值；2350.00m高程以上小于模型试验值，最大值约为模型试验值的91%。

（3）对三者的变形曲线进行对比分析可知，模型试验值的变形曲线曲率分布比较均匀；实测变形值的变形曲线在2350.00m高程和2405.00m高程曲率最大，其他部位分布较为均匀。拱冠部位模型试验值的变形曲线整体协调性最好，有限元计算值的变形曲线协调性次之，实测变形值的变形曲线协调性最差。这种现象主要与垂线系统开始测量时间较晚导致实测变形量小于坝体实际变形量、坝体实际刚度大于理论模型刚度等因素有关。

8.2 施工期综合变形模量反演分析

利用变形监测资料可以反演拉西瓦水电站大坝混凝土和地基的综合变形模量。实际的混凝土力学参数是一个与时间相关的复杂变量，但是在拱坝结构计算中，一般给出一个包含时效变形的综合变模作为计算参数。对该参数进行反演分析，可为后续拱坝仿真分析的基本参数提供参考。

8.2.1 计算模型

拉西瓦水电站大坝的有限元计算模型与网格如图 8.2 所示。模型实体单元数为 147264 个，节点数为 192392 个，接缝单元数为 22080 个。地基底部施加固定约束，侧面施加法向约束，上游面自由，下游面施加法向约束。

8.2.2 计算工况

反演计算工况见表 8.2。

8.2.3 计算成果

利用拱冠梁的顺河向变形值进行参数反演。4 号垂线（11 号坝段）部位实测变形值见表 8.5，4 号垂线（11 号坝段）部位工况 1～工况 4 有限元计算值见表 8.6～表 8.9。

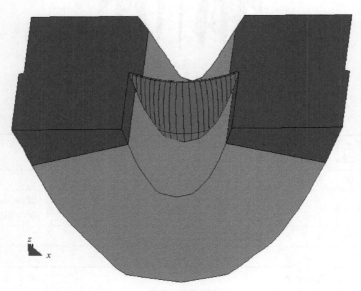

（a）整体计算模型图

（b）坝体模型图

图 8.2（一） 计算模型与网格

(c)缝单元图

图 8.2（二） 计算模型与网格

表 8.2 反 演 计 算 工 况

工况编号	混凝土变模/GPa	地基 2400.00m 高程以下变模/GPa	地基 2400.00m 高程以上变模/GPa	备 注
1	20	22.5	17.5	
2	37 或 33	22.5	17.5	2250.00m 高程以下变模为 37GPa，以上为 33GPa
3	20	33.7	26.3	
4	36	22.5	17.5	

注 1. 浇筑、封拱和蓄水进度见表 8.3。

2. 考虑自重、水压和温度荷载以及浇筑温度。

3. 2367.50m 高程以下的起始温度为设计封拱温度（图 8.3）；2367.50m 高程以上的起始温度与关键时刻的温度见表 8.4，通过通水冷却实现。

表 8.3 浇筑、封拱和蓄水进度表 单位：m

日 期	浇筑高程	封拱高程	蓄水高程
2009-2-15	2401.00	2358.50	2210.00
2009-2-19	2401.00	2367.50	2210.00
2009-2-27	2401.00	2367.50	2240.00
2009-3-10	2401.00	2367.50	2340.00
2009-3-12	2401.00	2376.50	2340.00
2009-3-16	2401.00	2376.50	2365.00
2009-4-28	2401.00	2376.50	2370.00
2009-7-3	2410.00	2385.50	2370.00
2009-8-25	2415.00	2385.50	2379.20

续表

日　期	浇筑高程	封拱高程	蓄水高程
2009 - 9 - 3	2420.00	2394.50	2378.00
2009 - 9 - 18	2423.00	2394.50	2389.00
2009 - 10 - 5	2433.00	2404.50	2390.00
2009 - 11 - 15	2438.00	2412.50	2410.00
2009 - 12 - 10	2441.00	2420.50	2420.00
2010 - 2 - 28	2452.00	2430.50	2420.00
2010 - 4 - 30	2460.00	2440.50	2420.00
2010 - 6 - 30	2460.00	2449.50	2440.00
2010 - 9 - 30	2460.00	2458.50	2452.00

表 8.4　　　　　　　　2367.50m 高程以上的起始温度与关键时刻的温度

高程区间/m	起始温度/℃	2009 年温度/℃						2010 年温度/℃			
		3月12日	7月3日	9月3日	10月5日	11月15日	12月10日	2月28日	4月30日	6月30日	9月30日
2367.50~2376.50	12.0	10.4	—	—	—	—	—	—	—	—	—
2376.50~2385.50	18.0	12.0	10.6	—	—	—	—	—	—	—	—
2385.50~2394.50	20.6	18.0	14.2	9.2	—	—	—	—	—	—	—
2394.50~2404.50	22.1	—	18.0	12.0	7.5	—	—	—	—	—	—
2404.50~2412.50	23.7	—	—	18.0	12.0	7.2	—	—	—	—	—
2412.50~2420.50	23.8	—	—	—	18.0	12.0	7.2	—	—	—	—
2420.50~2430.50	22.5	—	—	—	—	18.0	12.0	7.2	—	—	—
2430.50~2440.50	23.8	—	—	—	—	—	18.0	12.0	7.2	—	—
2440.50~2449.50	21.3	—	—	—	—	—	—	18.0	12.0	7.2	—
2049.50~2460.00	23.0	—	—	—	—	—	—	—	18.0	12.0	7.2

表 8.5　　　　　　　　4 号垂线（11 号坝段）部位实测变形值

日　期	库水位/m	变　形/mm			
		2220X	2250X	2295X	2350X
2009 - 2 - 27	—	0	0	0	0
2009 - 3 - 10	2340.00	2.56	5.95	8.54	7.46
2009 - 4 - 28	2370.00	3.59	7.94	12.49	12.48
2009 - 9 - 18	2389.00	4.50	9.71	15.41	16.96

注　X 表示顺河向，指向下游为正，变形基准点高程为 2170.00m；2220X 表示 2220.00m 高程处的顺河向变形。
　　下同。

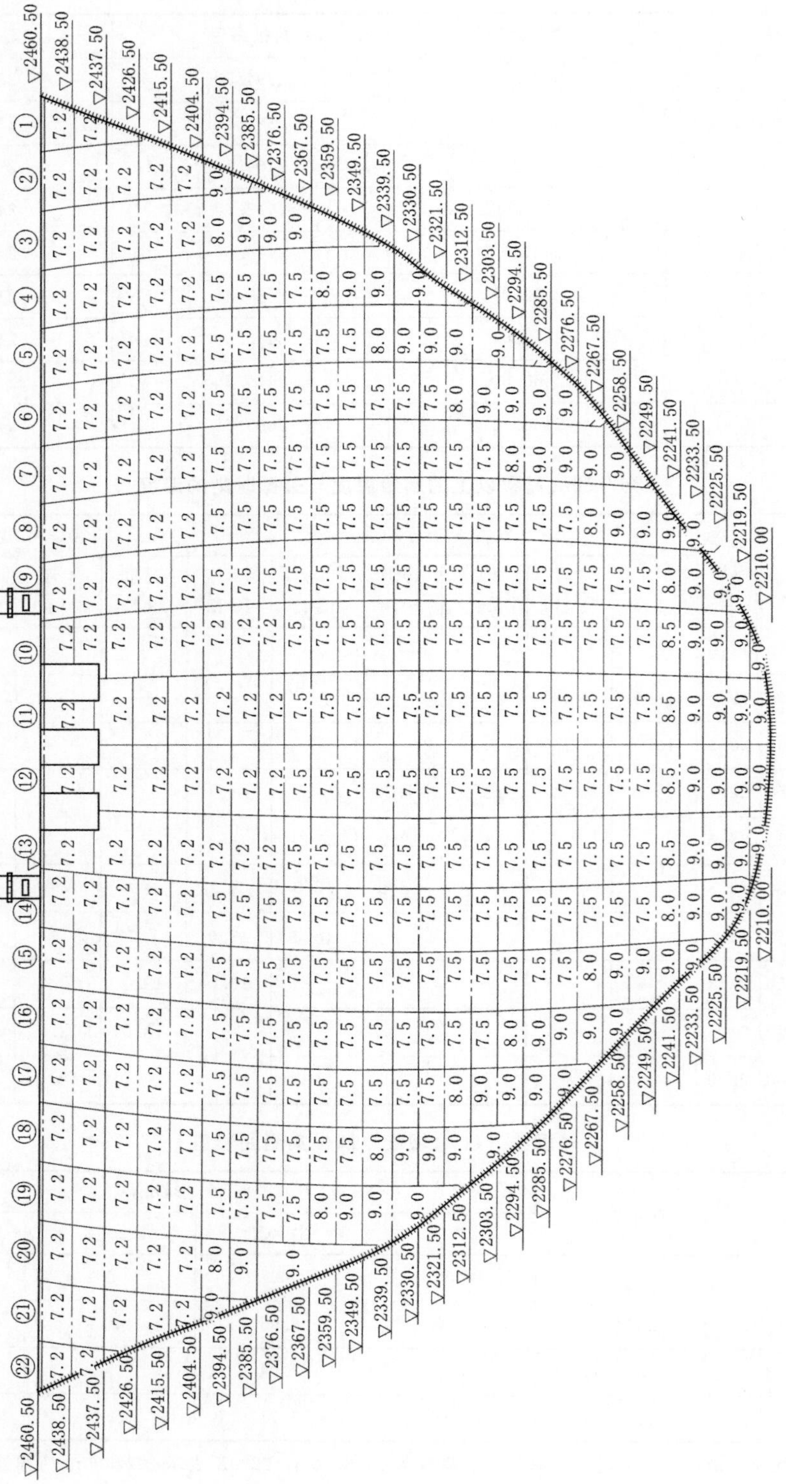

图 8.3　拉西瓦水电站各坝段平均稳定温度示意图（高程单位：m；温度单位：℃）

表8.6 4号垂线（11号坝段）部位工况1有限元计算值

日 期	库水位/m	变 形/mm			
		2220X	2250X	2295X	2350X
2009－2－27		0	0	0	0
2009－3－10	2340.00	3.01	8.18	11.56	10.43
2009－4－28	2370.00	4.15	12.11	19.76	21.41
2009－9－18	2389.00	4.75	14.11	24.26	29.48

表8.7 4号垂线（11号坝段）部位工况2有限元计算值

日 期	库水位/m	变 形/mm			
		2220X	2250X	2295X	2350X
2009－2－27		0	0	0	0
2009－3－10	2340.00	2.41	5.58	7.76	7.17
2009－4－28	2370.00	3.35	8.29	13.13	14.21
2009－9－18	2389.00	3.80	9.53	15.80	18.94

表8.8 4号垂线（11号坝段）部位工况3有限元计算值

日 期	库水位/m	变 形/mm			
		2220X	2250X	2295X	2350X
2009－2－27		0	0	0	0
2009－3－10	2340.00	2.40	7.38	10.74	9.69
2009－4－28	2370.00	3.28	10.87	18.38	20.07
2009－9－18	2389.00	3.73	12.58	22.46	27.64

表8.9 4号垂线（11号坝段）部位工况4有限元计算值

日 期	库水位/m	变 形/mm			
		2220X	2250X	2295X	2350X
2009－2－27		0	0	0	0
2009－3－10	2340.00	2.32	5.46	7.41	6.57
2009－4－28	2370.00	3.32	8.12	12.65	13.58
2009－9－18	2389.00	3.78	9.30	15.08	17.70

通过以上工况的反演计算可知反演参数为：混凝土综合变模为36GPa；地基变模2400.00m高程以下为22.5GPa，2400.00m高程以上为17.5GPa。

8.3　运行期关键参数反演分析

利用拉西瓦水电站运行期坝体监测成果，对坝体绝热温升参数、线膨胀系数、自生体积变形以及弹性模量这几个关键参数进行反演分析。

8.3.1　有限元模型

根据工程实际地形地质条件、坝体结构及材料分区等，建立能较为客观、准确地模拟大坝结构特点、坝基的地质构造特征的有限元模型。该模型包含的节点数为 377908 个，单元数为 346288 个，拱坝–地基整体有限元模型如图 8.4 所示，坝体模型材料分区示意图如图 8.5 所示，大坝横缝有限元模型如图 8.6 所示。模型底部施加固定约束，侧面施加法向约束。

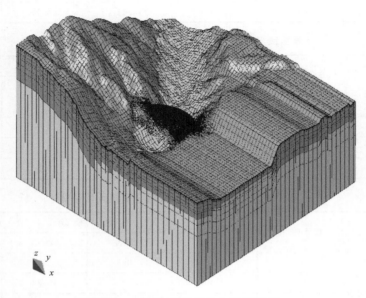

图 8.4　拱坝–地基整体有限元模型

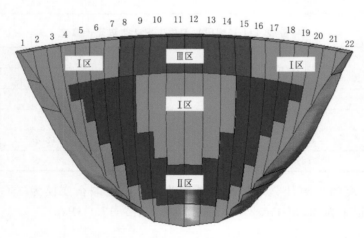

图 8.5　坝体模型材料分区示意图

8.3.2　绝热温升反演

8.3.2.1　反演分析方法

绝热温升是混凝土的一个重要热学特性，在大坝温控及防裂设计中具有重要意义。绝

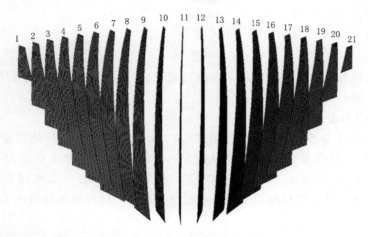

图 8.6　大坝横缝有限元模型

热温升实验通常是在室内常温条件下使用绝热温升仪进行的，该方法存在两个问题：①大坝浇筑温度与实验室内标准入模温度有一定差别，这个温差会影响混凝土的发热过程；②绝热温升仪的测试精度是 0.1℃/d，当混凝土的温升小于 0.1℃/d 时，仪器无法检出，室内绝热温升一般测试 28d，难以测到后期发热量小于测试精度的情况。鉴于以上两个原因，从室内实验获得的绝热温升数据难以反映大坝实际混凝土的温升状况，因此根据实测结果对绝热温升进行反演分析是必要的。

　　由实际监测温度可知，坝体内部普遍存在温度回升现象，原因包括外部因素和内部因素两种。外部因素主要是外界年均气温和地温高于坝体封拱温度，以及实际水温高于设计库水温和坝体封拱温度，从而存在外部热量向坝内传导的情况，导致坝体温度回升；内部因素为混凝土材料自身发热导致坝体温度回升。两种因素的影响程度及其随时间变化的规律与大坝尺寸、材料热学性能、保温措施等各种条件密切相关。在对封拱后温度回升进行反演分析时，需要同时考虑外部因素和内部因素的影响，此次计算采用如下方法进行。

　　（1）定量分析边界温度对大坝内部温度回升的影响。采用仿真分析的方法，以封拱日期为起点，封拱温度为坝体起始温度，严格模拟封拱和蓄水过程中上、下游边界温度的变化过程，不考虑封拱后混凝土发热，计算坝体温度变化过程。计算过程中坝体底部温度边界根据实测资料取自基岩温度，坝体上、下游面水位以下取为实测水温，蓄水位以上取为气温。通过计算可得到外界因素对大坝内部温度回升的影响程度。

　　（2）以两次人工冷却截止日期和温度为零点，将仅考虑边界影响的仿真温度与实测温度进行对比，得到边界传热对大坝内部温度的影响程度。做差可以得到除外界因素影响后的温度回升，此温度回升可视为大坝混凝土后期发热导致，即由内部因素影响造成。

　　（3）将各高程断面中心实测结果与仅考虑边界温度影响的仿真计算结果的差值曲线作为对坝体内部后期水化发热过程曲线的近似估计，得到混凝土在不考虑边界传热情况下的残余水化温升极值，采用数学模型对其进行回归分析。

　　（4）以上述模型为基础进行仿真计算，模拟分析坝体内部发热和边界温度传导共同作用下的坝体内部温度回升过程。将仿真计算结果与实际监测结果进行对比，然后调整模型参数，最终得到效果良好的二次人工冷却后温度回升模型。

大坝混凝土后期温升模型回归分析公式为

$$Q(\tau)=Q_0(1-e^{-\alpha\tau^\beta}) \tag{8.1}$$

式中：$Q(\tau)$ 为冷却停水后任意时刻 τ 的绝热温升回归结果，℃；Q_0 为后期绝热温升值，℃；e 为自然常数；α、β 为待定系数。

8.3.2.2　绝热温升参数反演

根据坝内混凝土温度监测资料，大坝 2350.00～2460.00m 高程的温度监测过程线显示顶部高程混凝土温度变化主要受气温影响。因此，分别整理出自冷却停水后的大坝 2210.00～2250.00m 高程和 2250.00～2350.00m 高程的混凝土温度回升曲线，并按照 8.3.2.1 小节所述方法，对后期温度回升进行反演分析，计算结果如图 8.7 所示。

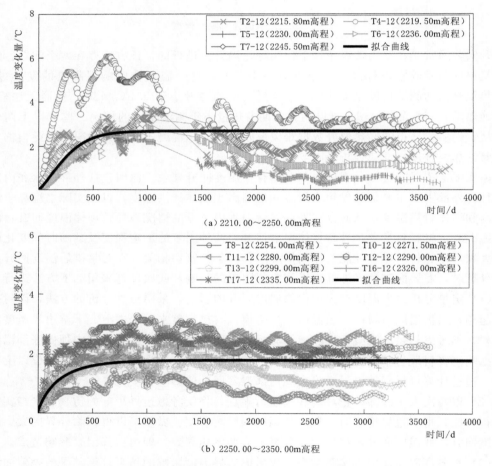

图 8.7　混凝土冷却停水后温度回升曲线及反演温升曲线

根据图 8.7 可知，大坝自冷却停水后，内部温度在后期波动上升并趋于稳定，后期温度回升幅度为 2～6℃，这是外部和内部两种因素作用的结果。

反演所得的冷却停水后的后期温升曲线模型为

（1）2210.00～2250.00m 高程　$Q(\tau)=2.68(1-e^{-0.00035\tau^{1.4}})$ 　　　　　　(8.2)

（2）2250.00～2350.00m 高程　$Q(\tau)=1.8(1-e^{-0.01\tau^{0.87}})$ 　　　　　　(8.3)

8.3.2.3　绝热温升监测值与反馈值对比

根据绝热温升参数反演结果，计算得到大坝正常工作性态下的温度场，图 8.8 为 12 号坝段不同高程温度监测值与反馈值对比，可以看出监测值与反馈值过程线较为吻合，反演效果较好，能准确反映大坝温度场的变化情况。

图 8.9 为 12 号坝段内部剖面 2013—2017 年历年 1 月与 7 月温度分布云图，图 8.10 为 11 号坝段（拱冠梁）横缝剖面 2013—2017 年历年 1 月与 7 月温度分布云图。可以看出，冬季（1 月）坝顶接近气温，多为 0℃ 以下，上游坝面中下部高程和下游坝面平均温度为 3～5℃，坝体内部温度由上游中上部高程向下游底部高程逐渐升高至 8～10℃；夏季（7 月）坝顶接近气温，多为 19～21℃，上游坝面中下部高程多为 5～7℃，下游坝面平均为 11～13℃，大坝内部温度由高高程向低高程逐渐升高至 8～10℃。11 号坝段（拱冠梁）坝内温度场分布（2020 年 8 月 4 日）计算结果与大坝温度实测结果一致性较好。

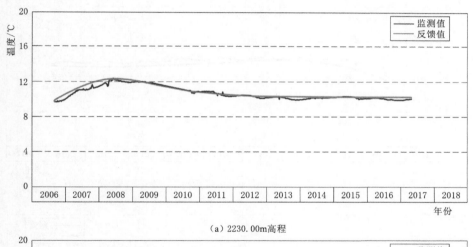

（a）2230.00m高程

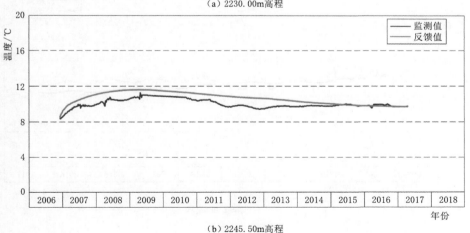

（b）2245.50m高程

图 8.8（一）　12 号坝段不同高程温度监测值与反馈值对比

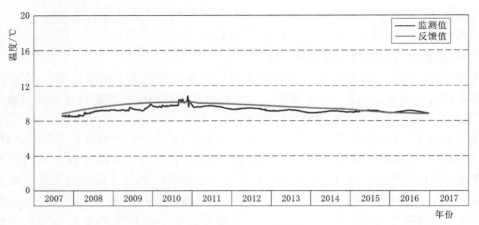

（c）2290.00m高程

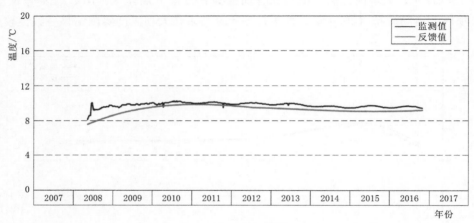

（d）2335.00m高程

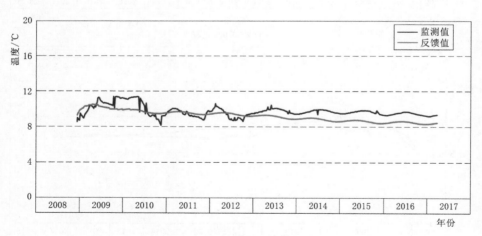

（e）2390.00m高程

图 8.8（二） 12 号坝段不同高程温度监测值与反馈值对比

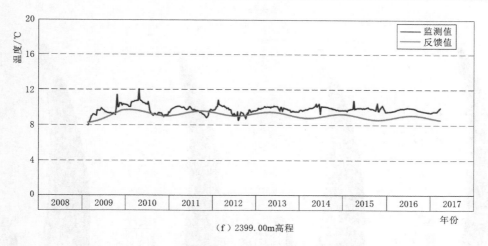

（f）2399.00m高程

图 8.8（三）　12 号坝段不同高程温度监测值与反馈值对比

8.3.3　线膨胀系数反演

本小节在无应力计监测资料的基础上，对混凝土的线膨胀系数进行反演计算。

8.3.3.1　反演分析方法

依据大坝安全监测资料中的无应力计与相应温度计的监测结果，可以通过相关分析方法求出线膨胀系数。取同一点的无应力计观测结果为

$$\begin{Bmatrix} T_i \\ u_i \\ t_i \end{Bmatrix}, i = 1, 2, \cdots, n \tag{8.4}$$

式中：T_i 为 t_i 时刻的实测温度，℃；u_i 为 t_i 时刻的实测体积变形。

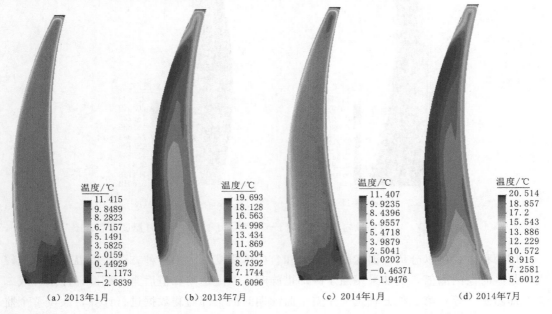

图 8.9（一）　12 号坝段内部剖面 2013—2017 年历年 1 月与 7 月温度分布云图

149

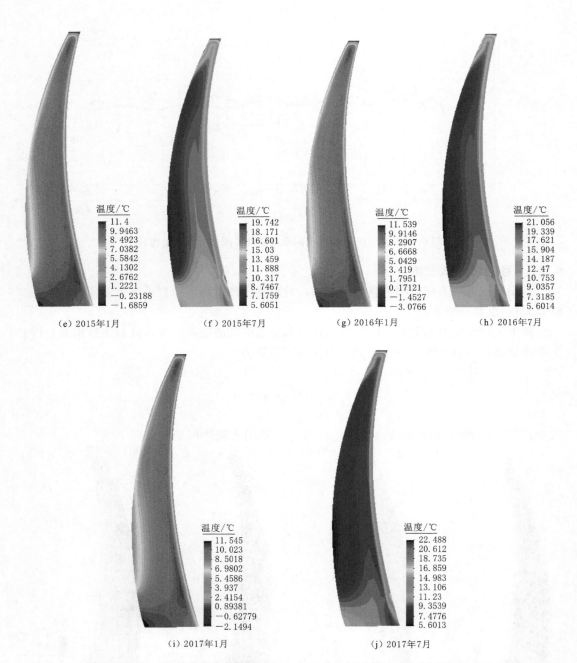

（e）2015年1月　　　　（f）2015年7月　　　　（g）2016年1月　　　　（h）2016年7月

（i）2017年1月　　　　（j）2017年7月

图 8.9（二）　12 号坝段内部剖面 2013—2017 年历年 1 月与 7 月温度分布云图

用两种方式可以分离出温度膨胀变形和自生体积变形。第一种方式是取温度变化比较大的某些时段的测值，例如采用通水冷却措施时，温度达到峰值后至一期冷却停水时或二期冷却停水时等；第二种方式是采用整个监测期间的全部监测数据进行计算，假设整个监测期间内线膨胀系数为常数，得 $\Delta u = \alpha \Delta T$，其中 α 为线膨胀系数，则全部监测数据满足

$$u_n = \sum_{j=1}^{n} \alpha \Delta T_j + \varepsilon_{0n} \tag{8.5}$$

式中：u_n 为第 n 时刻的无应力计监测结果；ε_{0n} 为自生体积变形；$\Delta T_i = T_i - T_{i-1}$，℃。

利用式（8.5）表示的监测数据可以进行变形和温度的相关分析。分析结果如图 8.11 所示，斜率即为线膨胀系数。多测点时，按照上述方法求 α，不同测点的结果有一定的离散性，当测点数足够多时，应将偏差较大的点去除后求平均值。

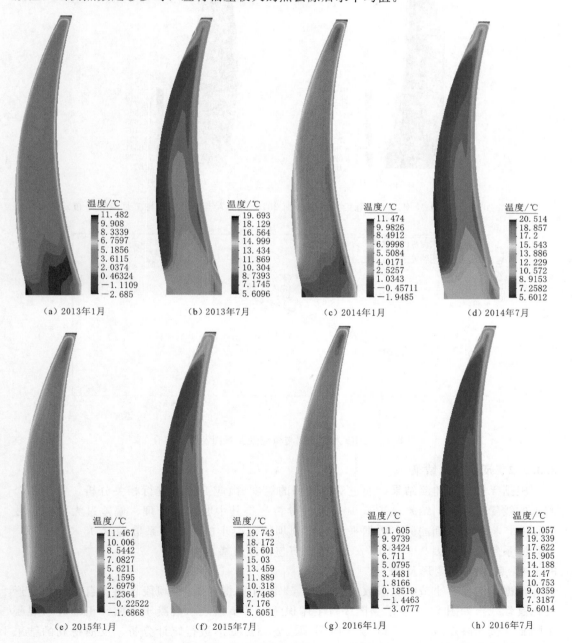

图 8.10 （一） 11 号坝段（拱冠梁）横缝剖面 2013—2017 年历年 1 月与 7 月温度分布云图

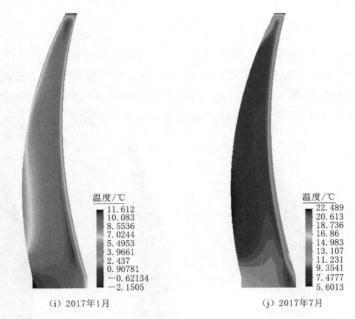

(i) 2017年1月   (j) 2017年7月

图 8.10（二）   11 号坝段（拱冠梁）横缝剖面 2013—2017 年历年 1 月与 7 月温度分布云图

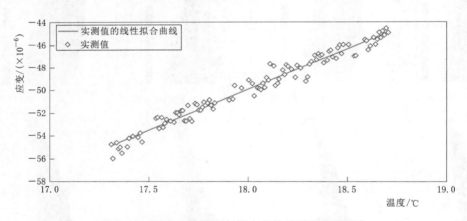

图 8.11   无应力计温度与微应变关系图及直线拟合

8.3.3.2   反演计算结果

根据无应力计监测结果，通过对监测到的温度-微应变关系进行相关分析，得出每个测点的线膨胀系数，结果见表 8.10。通过分析，将其中明显不合理、偏差过大的测点数据剔除，将较为合理的测点数据平均后得到坝体混凝土的线膨胀系数为 $9.03 \times 10^{-6}/℃$。线膨胀系数设计值为 $9.5 \times 10^{-6}/℃$，计算值与设计值基本相当。

8.3.4   自生体积变形反演

根据 8.3.3.2 小节线胀系数反演分析结果，计算得到 11 号坝段各测点自生体积变形变化过程线，如图 8.12 所示。图中自生体积变形为负值表示混凝土收缩，正值表示混凝土膨胀。按照龄期将 7 号、11 号、16 号坝段各测点变形进行统计分析，反演得到的结果见表 8.11。结果表明，大坝混凝土自生体积变形以收缩为主。

表 8.10   **7 号坝段线膨胀系数计算结果**   单位：$10^{-6}/℃$

序号	7 号坝段			11 号坝段			16 号坝段			总平均值
	测点	线膨胀系数	平均值	测点	线膨胀系数	平均值	测点	线膨胀系数	平均值	
1	N1-7	10.05		N1-11	9.91		N1-16	6.9		
2	N2-7	6.89		N2-11	10.35		N2-16	7.65		
3	N3-7	6.5		N3-11	5.64		N3-16	8.04		
4	N4-7	8.98		N4-11	8.45		N4-16	8.36		
5	N5-7	8.66		N5-11	6.86		N5-16	6.08		
6	N6-7	7.19		N6-11	8.6		N6-16	7.6		
7	N7-7	13.14		N7-11	10.5		N7-16	11.43		
8	N8-7	22.13	9.82	N9-11	8.39	8.26	N8-16	20.24	9.02	9.03
9	N9-7	9.3		N10-11	10.04		N9-16	11.52		
10	N10-7	15.72		N11-11	3.72		N10-16	8.91		
11	N11-7	8.35		N12-11	12.55		N11-16	9.16		
12	N12-7	6.77		N14-11	9.42		N12-16	8.34		
13	N13-7	7.67		N15-11	5.52		N13-16	3.42		
14	N14-7	6.93		N16-11	5.62		N14-16	8.52		
15	N15-7	9.08		N17-11	8.29		N15-16	9.12		

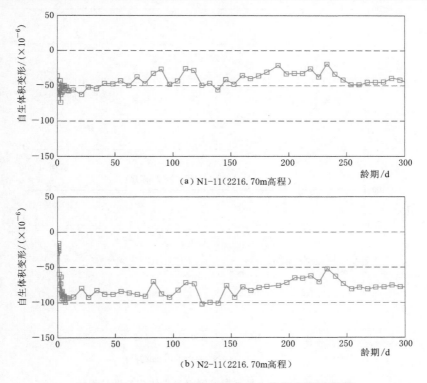

（a）N1-11（2216.70m 高程）

（b）N2-11（2216.70m 高程）

图 8.12（一）   11 号坝段各测点自生体积变形过程线

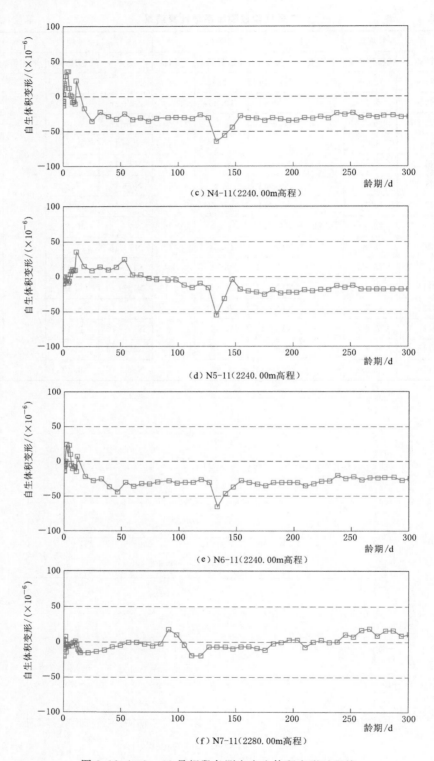

（c）N4-11（2240.00m高程）

（d）N5-11（2240.00m高程）

（e）N6-11（2240.00m高程）

（f）N7-11（2280.00m高程）

图 8.12（二）　11 号坝段各测点自生体积变形过程线

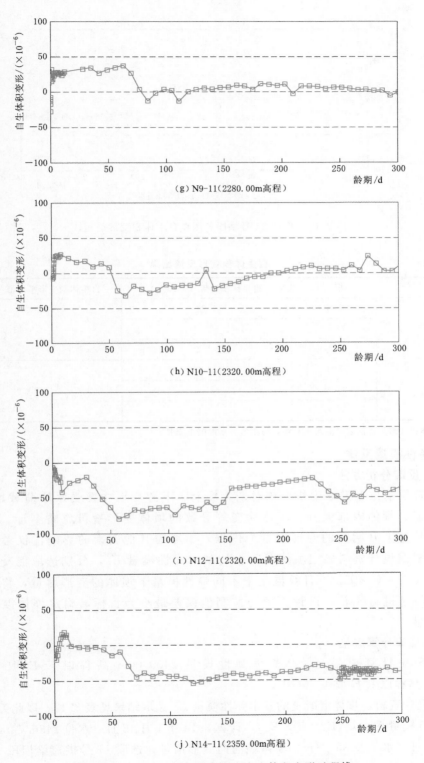

（g）N9-11（2280.00m高程）

（h）N10-11（2320.00m高程）

（i）N12-11（2320.00m高程）

（j）N14-11（2359.00m高程）

图 8.12（三）　11 号坝段各测点自生体积变形过程线

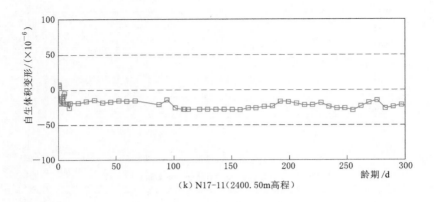

(k) N17-11(2400.50m高程)

图 8.12（四）　11 号坝段各测点自生体积变形过程线

表 8.11　　　　　　　　　　　　自生体积变形反演结果

龄期/d	坝段	自生体积变形/($\times 10^{-6}$)	自生体积变形平均值/($\times 10^{-6}$)
90	7 号	1.91	-9.43
	11 号	-28.91	
	16 号	-1.29	
180	7 号	-4.31	-11.92
	11 号	-25.81	
	16 号	-5.63	

注　自生体积变形为负值表示混凝土收缩，为正值表示混凝土膨胀。

8.3.5　弹性模量反演

8.3.5.1　反演分析方法

蓄水阶段水位上升速度快，该时期大坝上、下游变形主要受水压荷载增量影响，气温、水温、坝体内部温升、坝体徐变等导致的坝体变形量可忽略不计。因此，首先以水位快速上升期间的变形增量为依据，不考虑其他因素的影响，仅考虑静水压力作用，根据设计资料确定坝体混凝土的基本弹性模量 E_0，分别选取混凝土不同弹性模量 E_i（$E_i = k_i \times E_0$），计算混凝土不同弹性模量下坝体的变形增量，将此变形增量值与监测值进行比较，以计算值与监测值误差最小为目标，确定坝体混凝土的最优弹性模量。

8.3.5.2　反演计算成果

根据历史计算成果，坝基岩体弹性模量 2400.00m 高程以下 E 取 22.5GPa，2400.00m 高程以上 E 取 17.5GPa。

根据设计资料，坝体混凝土的基本弹性模量 E_0 选取结果见表8.12。以此为基础，采用不同弹性模量系数 k_i（$E_i = k_i \times E_0$），计算 2012 年 1 月 12 日（水位 2430.74m）至 2012 年 2 月 10 日（水位 2435.31m）坝体顺河向变形增量。选取 11 号拱冠梁坝段 4 号垂线，将计算值与监测值进行比较，反演得到坝体弹性模量。

表 8.12   坝体混凝土的基本弹性模量

混凝土材料类型	基本弹性模量（$k=1.00$ 时）/GPa
$C_{180}32W10F300$（Ⅰ区，基础约束区及孔口）	40.0
$C_{180}25W10F300$（Ⅱ区，非约束区）	39.0
$C_{180}20W10F300$（Ⅲ区）	37.0

表 8.13 为 2012 年 1 月 12 日（水位 2430.74m）至 2012 年 2 月 10 日（水位 2435.31m）坝体不同弹性模量下 11 号坝段各测点顺河向变形增量计算值与监测值对比统计表。图 8.13 为弹性模量系数优选关系曲线。变形计算值误差拟合曲线为

$$y=-0.5517x^3+5.3984x^2-7.5907x+3.2885 \qquad (8.6)$$

式中：x 为弹性模量系数；y 为变形计算值的误差，mm。

表 8.13   坝体不同弹性模量下 11 号坝段各测点顺河向变形增量计算值与监测值对比统计表

弹性模量系数（k）	4 号垂线测点	测点高程/m	实测顺河向变形增量/mm	计算顺河向变形增量/mm	绝对误差/mm	平均误差/mm
0.6	PL4-5	2250.00	0.57	0.84	0.27	
	PL4-4	2295.00	1.26	1.86	0.60	
	PL4-3	2350.00	2.47	3.35	0.88	0.56
	PL4-2	2405.00	3.96	4.90	0.94	
	PL4-1	2460.00	5.24	5.14	0.10	
0.7	PL4-5	2250.00	0.57	0.78	0.21	
	PL4-4	2295.00	1.26	1.68	0.42	
	PL4-3	2350.00	2.47	2.99	0.52	0.44
	PL4-2	2405.00	3.96	4.33	0.37	
	PL4-1	2460.00	5.24	4.55	0.69	
0.8	PL4-5	2250.00	0.57	0.73	0.16	
	PL4-4	2295.00	1.26	1.55	0.29	
	PL4-3	2350.00	2.47	2.71	0.24	0.37
	PL4-2	2405.00	3.96	3.91	0.05	
	PL4-1	2460.00	5.24	4.11	1.13	
0.9	PL4-5	2250.00	0.57	0.69	0.12	
	PL4-4	2295.00	1.26	1.44	0.18	
	PL4-3	2350.00	2.47	2.50	0.03	0.44
	PL4-2	2405.00	3.96	3.58	0.38	
	PL4-1	2460.00	5.24	3.77	1.47	
1.0	PL4-5	2250.00	0.57	0.66	0.09	
	PL4-4	2295.00	1.26	1.36	0.10	
	PL4-3	2350.00	2.47	2.33	0.14	0.54
	PL4-2	2405.00	3.96	3.32	0.64	
	PL4-1	2460.00	5.24	3.50	1.74	

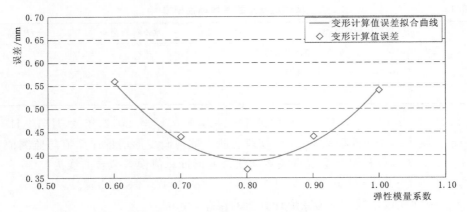

图 8.13　弹性模量系数优选关系曲线

可以看出，当 $k=0.8$ 时，各测点顺河向变形计算值与监测值的平均误差最小。因此，坝体混凝土弹性模量系数反演值为 0.8。坝体混凝土弹性模量反演值见表 8.14。

表 8.14　　　　坝体混凝土弹性模量反演值

混凝土材料类型	弹性模量反演值/GPa
C_{180}32W10F300（Ⅰ区，基础约束区及孔口）	32.00
C_{180}25W10F300（Ⅱ区，非约束区）	31.20
C_{180}20W10F300（Ⅲ区）	29.60

8.3.5.3　拱冠梁变形反馈值与监测值对比

为了进一步验证坝体反演弹性模量的正确性，采用反演得到的坝体弹性模量，考虑实际边界条件，进行大坝施工期-蓄水期全过程仿真分析。其中，后期绝热温升参数和线膨胀系数取 8.3.2 与 8.3.3 小节中的反演值，其他热力学参数见表 8.15。

表 8.15　　　　拉西瓦水电站大坝混凝土温控计算基本参数

混凝土强度等级	C_{180}32W10F300 （Ⅰ区，基础约束区及孔口）				C_{180}25W10F300 （Ⅱ区，非约束区）				C_{180}20W10F300 （Ⅲ区）			
龄期/d	7	28	90	180	7	28	90	180	7	28	90	180
抗压强度（R_a）/MPa	23.2	39.4	55.1	58	19.8	33.9	45.7	51.1	17.3	30.8	33.8	39.0
轴拉强度（R_1）/MPa	2.1	2.9	3.6	3.8	2	2.6	3.3	3.5	1.8	2.4	3	3.2
弹性模量（E）/（$\times 10^4$MPa）	2.8	3.4	3.9	4.0	2.7	3.3	3.8	3.9	2.6	3.2	3.5	3.7
极限拉伸值（ε）/（$\times 10^{-4}$）	0.86	1.00	1.07	1.1	0.8	0.96	1.04	1.06	0.77	0.92	1.02	1.04
抗裂安全系数（K_f）	1.8				1.8				1.8			
允许抗裂应力/MPa	1.17	1.61	2.00	2.11	1.11	1.44	1.83	1.94	1.00	1.33	1.67	1.78
绝热温升（θ_0）/℃	$\theta(\tau)=27.5\tau/(2.35+\tau)$				$\theta(\tau)=24\tau/(2.35+\tau)$							
导热系数（λ）/[kJ/(m·h·℃)]	8.186				8.186				8.186			

混凝土强度等级	$C_{180}32W10F300$（Ⅰ区，基础约束区及孔口）	$C_{180}25W10F300$（Ⅱ区，非约束区）	$C_{180}20W10F300$（Ⅲ区）
导温系数（a）/(m²/h)	0.00357	0.00357	0.00357
容重（γ）/(kg/m³)	2450		
比热（C）/[kJ/(kg·℃)]	0.933	0.933	0.933
线膨胀系数（α）/(×10⁻⁶/℃)	9.5	9.5	9.5
热交换系数（β）/[kJ/(m²·h·℃)]	83.72		
泊松比	0.19		

注 绝热温升反演模型中 τ 代表龄期，d。

图 8.14～图 8.19 为 2014 年 4 月至 2017 年 7 月 11 号坝段各高程测点顺河向变形计算值与监测值对比。可以看出，各测点计算得到的顺河向变形规律和量值均与实测过程线吻合较好，说明反演得到的坝体弹性模量和其他参数取值较为合理。

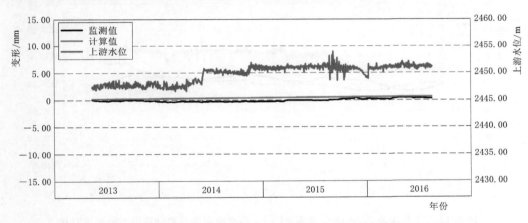

图 8.14　11 号坝段 2220.00m 高程 IP4-3 测点顺河向变形计算值与监测值对比

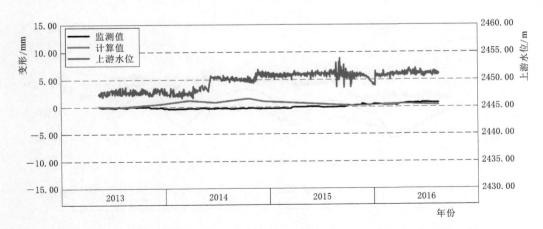

图 8.15　11 号坝段 2250.00m 高程 PL4-5 测点顺河向变形计算值与监测值对比

159

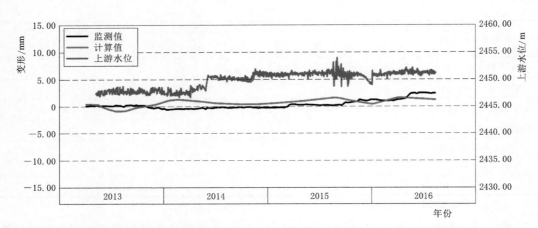

图 8.16　11 号坝段 2295.00m 高程 PL4 - 4 测点顺河向变形计算值与监测值对比

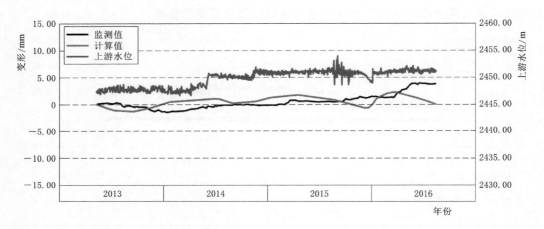

图 8.17　11 号坝段 2350.00m 高程 PL4 - 3 测点顺河向变形计算值与监测值对比

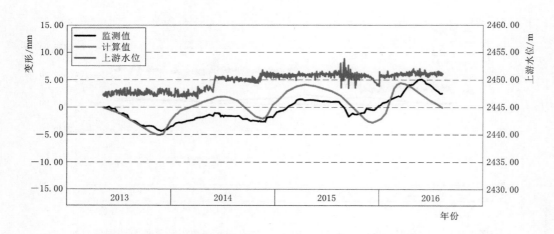

图 8.18　11 号坝段 2405.00m 高程 PL4 - 2 测点顺河向变形计算值与监测值对比

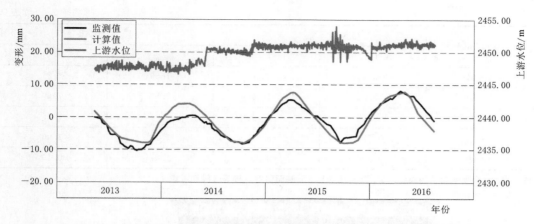

图 8.19　11 号坝段 2460.00m 高程 PL4-1 测点顺河向变形计算值与监测值对比

8.4　大坝温度荷载复核及影响分析

本小节分别对拉西瓦水电站大坝设计阶段温度荷载、仿真温度荷载下大坝变形和应力状态进行了分析，然后对比了设计温度荷载和仿真温度荷载的差异及其对大坝变形和应力的影响。

8.4.1　设计温度荷载及影响分析

本小节研究设计温度荷载作用下大坝变形和应力的变化情况，主要考察变形和应力增量，具体工况如下。

工况 1：设计正常水位＋温降荷载。

工况 2：设计正常水位＋温升荷载。

具体计算网格模型同 8.3.1 小节。坝体混凝土弹性模量、坝体后期绝热温升参数和线膨胀系数采用 8.3 小节中的反演值，其他热力学参数（如坝体混凝土导热系数、比热、容重、泊松比等）取值见表 8.15。坝基岩体弹性模量，2400.00m 高程以下 E 取 22.5GPa，2400.00m 高程以上 E 取 17.5GPa；泊松比 μ 取 0.17。

8.4.1.1　设计温度荷载

拉西瓦水电站大坝设计采用的温度荷载见表 8.16。基于该温度荷载计算拱坝温度场，得到温度变幅如图 8.20～图 8.23 所示。

表 8.16　　　　　　　　　　拉西瓦水电站大坝温度荷载

高程/m	温　　降/℃		温　　升/℃	
	T_m	T_d	T_m	T_d
2460.00	−7.23	0.1	7.18	0
2430.00	−2.47	−7.98	2.41	9.96
2400.00	−1.31	−5.09	2.01	10.23
2360.00	−0.43	−3.11	1.9	9.27

高程/m	温 降/℃		温 升/℃	
	T_m	T_d	T_m	T_d
2320.00	−0.18	−1.9	1.69	8.28
2280.00	−0.04	−1.19	1.57	7.69
2240.00	−0.46	−0.81	1.01	7.39
2220.00	0.57	−3.25	1.34	1.06
2210.00	0.38	−3.39	1.02	0.19

注 T_m 为拱坝截面平均温度，T_d 为该截面上、下游面温差，按等效线性考虑。

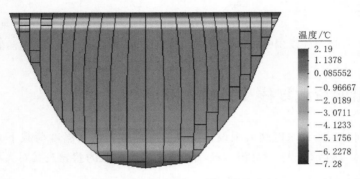

图 8.20 温降时大坝上游面温度变幅

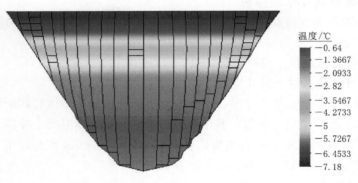

图 8.21 温降时大坝下游面温度变幅

图 8.22 温升时大坝上游面温度变幅

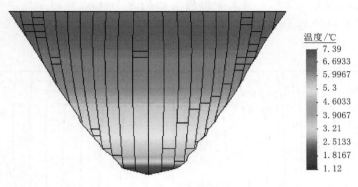

图 8.23　温升时大坝下游面温度变幅

由设计温度载荷计算结果可知：

（1）温降时，大坝上游面水下部位、下游面 2360.00m 高程以下没有产生大的温度降幅，坝顶部位温降明显，最大降幅为 7.28℃。

（2）温升时，大坝下游面温升明显，普遍处于温度升高状态，最大增幅为 7.39℃；大坝上游面存在大范围的温降，水位以下温度变幅普遍为负值。

8.4.1.2　设计温度荷载对变形的影响

基于大坝温升温降荷载，计算了两种温度荷载作用下大坝的变形情况。具体变形增量如图 8.24～图 8.29 所示。

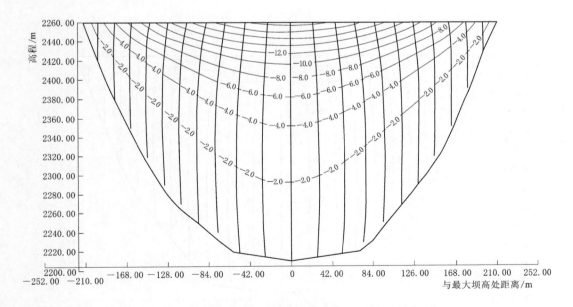

图 8.24　温降作用下大坝上游面顺河向变形增量（单位：mm）

由以上计算结果可知：

（1）温降荷载作用下，大坝整体向下游变形，最大变形增量值约为 21mm；横河向边

163

坡坝段坝体均向河床方向变形，最大变形增量值约为 5mm；竖向坝体顶部存在一定的沉降变形，最大增量值约为 4mm。

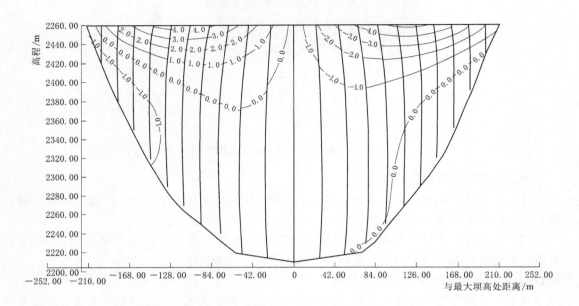

图 8.25　温降作用下大坝上游面横河向变形增量（单位：mm）

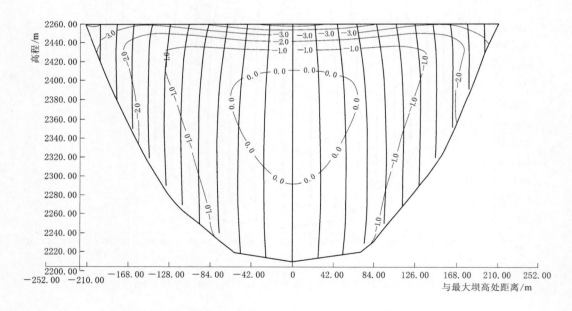

图 8.26　温降作用下大坝上游面竖向变形增量（单位：mm）

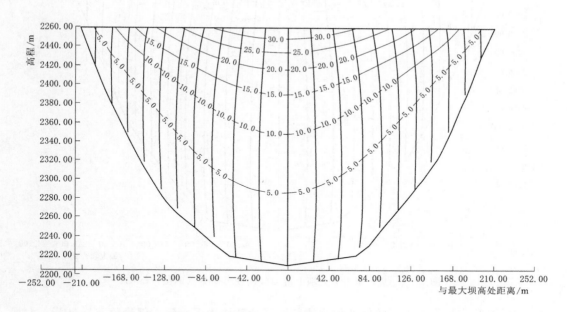

图 8.27　温升作用下大坝上游面顺河向变形增量（单位：mm）

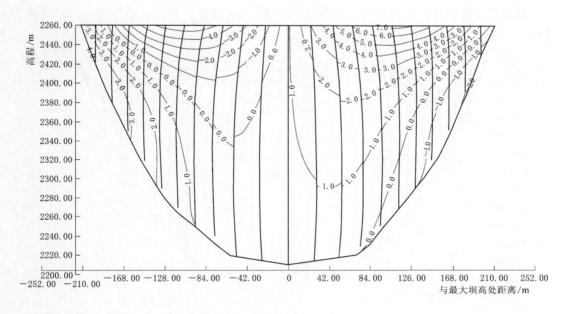

图 8.28　温升作用下大坝上游面横河向变形增量（单位：mm）

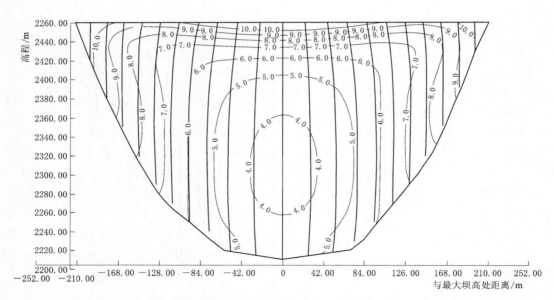

图 8.29 温升作用下大坝上游面竖向变形增量（单位：mm）

（2）温升荷载作用下，整体变形规律与温降荷载作用下一致，但量值差异显著，大坝顺河向向上游最大变形增量值约为 30mm；横河向最大变形增量约为 7mm；竖向普遍为抬升变形，最大增量约为 10mm。

8.4.1.3 设计温度荷载对应力的影响

设计温度荷载作用下应力增量如图 8.30～图 8.37 所示，其中正值为拉应力，负值为压应力。

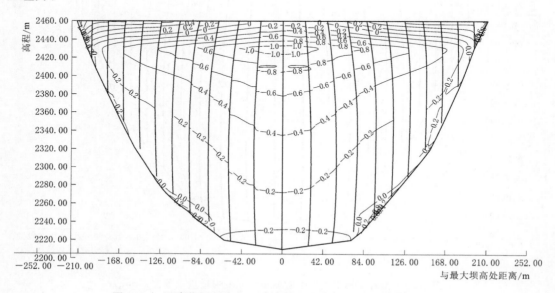

图 8.30 温降作用下大坝上游面横河向应力增量（单位：MPa）

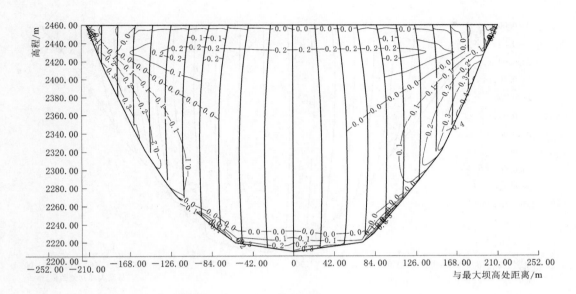

图 8.31　温降作用下大坝上游面竖向应力增量（单位：MPa）

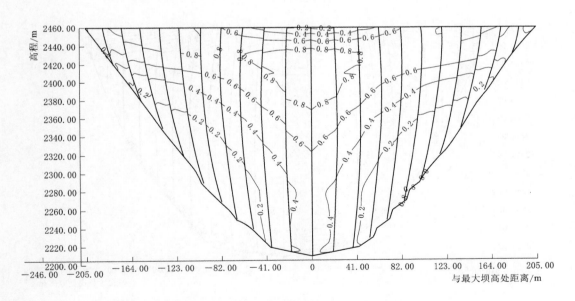

图 8.32　温降作用下大坝下游面横河向应力增量（单位：MPa）

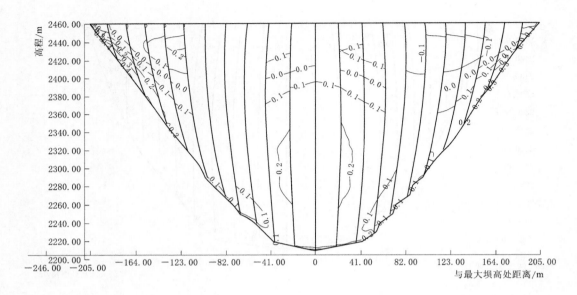

图 8.33 温降作用下大坝下游面竖向应力增量（单位：MPa）

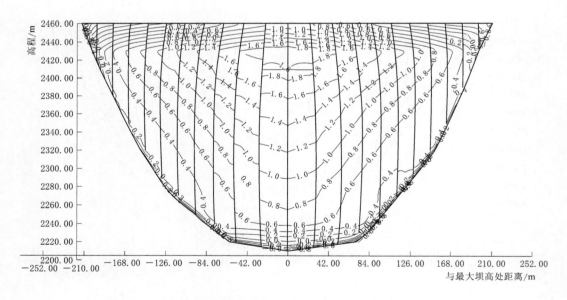

图 8.34 温升作用下大坝上游面横河向应力增量（单位：MPa）

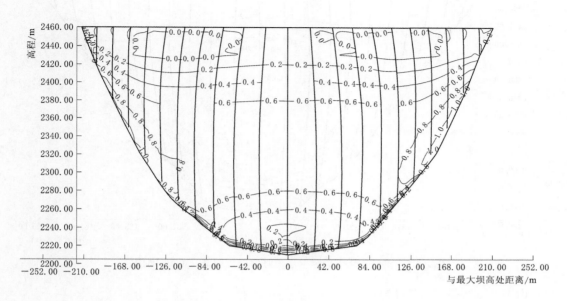

图 8.35 温升作用下大坝上游面竖向应力增量（单位：MPa）

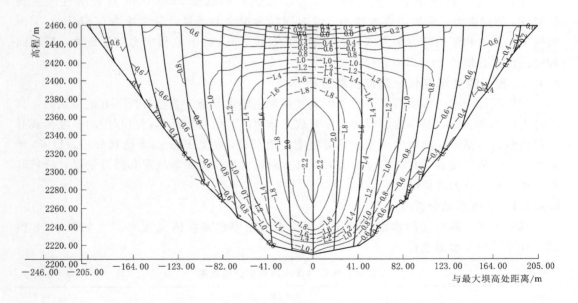

图 8.36 温升作用下大坝下游面横河向应力增量（单位：MPa）

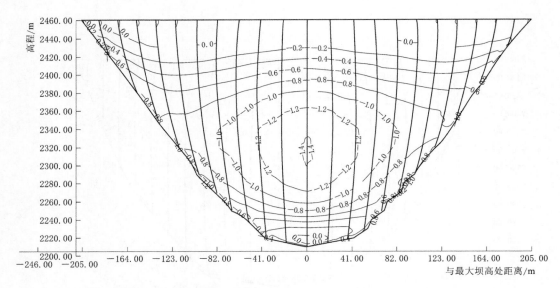

图 8.37　温升作用下大坝下游面竖向应力增量（单位：MPa）

由图 8.30～图 8.37 可知：

（1）温降荷载作用下，上游面横河向普遍为压应力，2420.00m 高程拱冠梁附近压应力增量最大，约为 1MPa，向周边逐渐减小，竖向应力增量较小；下游面普遍为拉应力增量，最大在拱冠梁上部 2420.00m 高程，约为 0.8MPa，竖向应力较小。

（2）温升荷载作用下，上游面受拉程度较大，拱冠梁 2430.00m 高程附近产生约 1.8MPa 的拉应力，向周边逐渐减小，竖向同样为拉应力增量，最大约为 0.6MPa；下游面横河向应力和竖向应力均为压应力增量，拱冠梁 2300.00m 高程应力增量最大，横河向和竖向最大分别约为 2.2MPa 和 1.4MPa。

8.4.2　实际温度场变化及温度荷载分析

大坝设计阶段，温度荷载是基于历史数据采用理论分析、数值分析等方法得到的，其经过大量实践验证，基本能够反映温度荷载总体情况，但与实际运行过程中的温度荷载必定存在偏差。基于实测水库水温、环境温度、地温等，进行长期温度仿真分析，以 50 年后大坝 1 月的温度和 7 月的温度减去大坝真实封拱温度作为温降情况和温升情况，分析其对大坝变形、应力的影响。

8.4.2.1　水库水温分析

基于大坝上游面实测水温，拟定拉西瓦水电站库水温数值见表 8.17，如图 8.38 所示。计算采用库水温进行。

表 8.17　　　　　　　　　　拉西瓦水电站库水温数值分析成果

高程 /m	库 水 温/℃												
	1 月	2 月	3 月	4 月	5 月	6 月	7 月	8 月	9 月	10 月	11 月	12 月	年均
2452.00	4.2	5.0	6.3	10.9	14.1	16.6	18.6	18.1	13.9	11.1	7.4	5.3	11.0
2450.00	4.4	5.1	6.3	10.0	13.4	15.4	18.1	17.6	13.9	11.1	7.4	5.4	10.7

高程 /m	库 水 温/℃												
	1月	2月	3月	4月	5月	6月	7月	8月	9月	10月	11月	12月	年均
2445.00	4.7	5.2	6.2	8.5	11.7	13.3	14.8	15.5	13.9	11.1	7.4	5.6	9.8
2440.00	4.9	5.3	6.2	7.7	10.3	12.0	12.5	14.2	13.8	11.1	7.4	5.9	9.3
2435.00	5.1	5.4	6.1	7.0	9.3	10.2	11.0	12.9	13.4	11.1	7.4	6.0	8.7
2430.00	5.3	5.5	6.1	6.6	8.4	9.3	10.0	11.7	12.6	10.9	7.4	6.1	8.3
2425.00	5.4	5.6	6.0	6.3	7.7	8.7	9.4	10.7	11.8	10.9	7.3	6.1	8.0
2420.00	5.6	5.7	5.9	6.0	7.4	8.2	8.9	10.0	11.1	10.7	7.3	6.2	7.7
2415.00	5.7	5.7	5.8	5.9	7.1	7.8	8.5	9.3	10.8	10.5	7.3	6.2	7.5
2410.00	5.7	5.7	5.9	5.9	7.0	7.6	8.3	9.0	10.5	10.3	7.3	6.3	7.4
2405.00	5.7	5.7	5.9	5.9	6.9	7.5	8.1	8.7	10.3	10.0	7.4	6.3	7.4
2400.00	5.8	5.8	5.9	6.0	6.9	7.4	8.0	8.6	10.2	9.7	7.5	6.3	7.3
2395.00	5.9	5.9	6.0	6.2	7.0	7.4	8.0	8.7	10.3	9.5	7.7	6.4	7.4
2390.00	6.0	6.0	6.1	6.4	7.1	7.4	8.1	8.8	10.3	9.4	7.9	6.5	7.5
2385.00	6.2	6.2	6.2	6.8	7.3	7.6	8.4	9.0	10.1	9.5	8.1	6.6	7.7
2380.00	6.4	6.4	6.5	7.0	7.5	8.0	8.8	9.3	9.9	9.5	8.2	6.9	7.9
2375.00	6.6	6.6	6.6	7.0	7.7	8.4	8.9	9.3	9.7	9.5	8.1	7.0	7.9
2370.00	6.8	6.7	6.9	6.9	7.7	8.5	8.8	9.2	9.7	9.4	8.1	7.0	8.0
2365.00	6.8	6.6	7.0	7.0	7.6	8.4	8.7	9.1	9.4	9.3	7.9	7.0	7.9
2360.00	6.8	6.6	7.1	7.1	7.5	8.2	8.6	8.8	9.2	9.1	7.7	7.0	7.8
2355.00	6.8	6.5	7.1	7.1	7.4	8.0	8.4	8.5	9.0	8.9	7.5	7.0	7.7
2350.00	6.7	6.4	7.1	7.1	7.4	7.8	8.2	8.3	8.7	8.6	7.3	7.0	7.5
2345.00	6.6	6.3	7.1	7.1	7.1	7.6	7.9	7.9	8.4	8.2	7.1	6.9	7.4
2340.00	6.5	6.2	6.9	6.9	6.9	7.3	7.6	7.6	8.0	7.9	6.9	6.7	7.1
2335.00	6.3	6.0	6.7	6.7	6.6	7.1	7.5	7.4	7.9	7.7	6.7	6.5	6.9
2330.00	6.0	5.8	6.4	6.4	6.3	6.8	7.2	7.2	7.5	7.3	6.4	6.3	6.6
2325.00	5.8	5.6	6.2	6.2	6.1	6.6	6.7	6.7	7.1	6.9	6.4	6.1	6.4
2320.00	5.6	5.6	6.1	6.1	6.0	6.3	6.4	6.4	6.7	6.6	6.3	5.9	6.2
2315.00	5.5	5.6	6.0	5.9	5.9	6.1	6.0	6.0	6.4	6.3	6.1	5.8	6.0
2310.00	5.5	5.5	5.9	5.8	5.8	5.9	5.9	5.9	6.1	6.0	5.9	5.7	5.8
2305.00	5.3	5.5	5.8	5.6	5.7	5.8	5.8	5.8	5.9	5.9	5.8	5.7	5.7
2300.00	5.3	5.5	5.6	5.6	5.7	5.7	5.7	5.8	5.8	5.8	5.7	5.7	5.6
2280.00	5.3	5.5	5.5	5.5	5.6	5.6	5.6	5.6	5.7	5.6	5.6	5.5	5.6
2260.00	6.0	6.0	6.0	6.0	6.0	6.0	6.0	6.0	6.0	5.9	5.9	5.8	6.0
2255.00	6.2	6.3	6.4	6.2	6.2	6.3	6.3	6.3	6.3	6.3	6.3	6.3	6.3
2250.00	6.5	6.5	6.8	6.7	6.6	6.5	6.5	6.5	6.5	6.7	6.5	6.5	6.6
2245.00	7.4	7.4	7.4	7.4	7.4	7.4	7.4	7.4	7.4	7.4	7.4	7.4	7.4
2240.00	8.8	8.8	8.8	8.8	8.8	8.8	8.8	8.8	8.8	8.8	8.8	8.8	8.8
2238.00	9.3	9.3	9.3	9.3	9.3	9.3	9.3	9.3	9.3	9.3	9.3	9.3	9.3

高程 /m	库 水 温/℃												
	1月	2月	3月	4月	5月	6月	7月	8月	9月	10月	11月	12月	年均
2235.00	9.8	9.8	9.8	9.8	9.8	9.8	9.8	9.8	9.8	9.8	9.8	9.8	9.8
2230.00	10.3	10.3	10.3	10.3	10.3	10.3	10.3	10.3	10.3	10.3	10.3	10.3	10.3
2225.00	10.8	10.8	10.8	10.8	10.8	10.8	10.8	10.8	10.8	10.8	10.8	10.8	10.8
2220.00	11.3	11.3	11.3	11.3	11.3	11.3	11.3	11.3	11.3	11.3	11.3	11.3	11.3
2215.00	11.5	11.5	11.5	11.5	11.5	11.5	11.5	11.5	11.5	11.5	11.5	11.5	11.5
2210.00	11.7	11.7	11.7	11.7	11.7	11.7	11.7	11.7	11.7	11.7	11.7	11.7	11.7

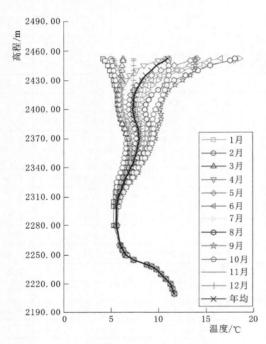

图 8.38　拉西瓦水电站拟定库水温

8.4.2.2　实际温度荷载

基于上述库水温、环境温度、地温和封拱温度，计算得到 50 年后拉西瓦水电站大坝温度场。上、下游面温度变幅分布结果如图 8.39～图 8.42 所示，可见实际温度荷载情况下，上、下游面温度与设计温度在高度方向上总体分布规律基本一致，但数值存在明显差异，其中坝顶局部差异较为明显，温降时温度明显偏低约 4℃，温升时温度偏高约 6℃；坝面温度也存在差异，最大差异约为 2℃。

8.4.2.3　实际温度荷载对变形的影响

基于大坝实际温升温降荷载，计算温升温降情况下大坝变形，具体变形增量如图 8.43～图 8.48。在温降荷载作用下，大坝上游面最大顺河向变形增量为 2mm，最大横河向变形增量为 0.5mm，最大竖向变形增量为 1.5mm；温升荷载下三者分别为 9mm、3mm 和 3mm。变形值远小于设计温度荷载，即实际温度荷载对大坝变形影响不明显。

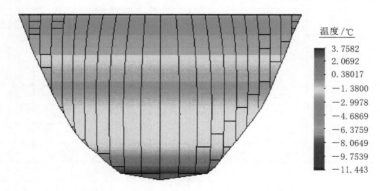

图 8.39　温降时大坝上游面温度变幅

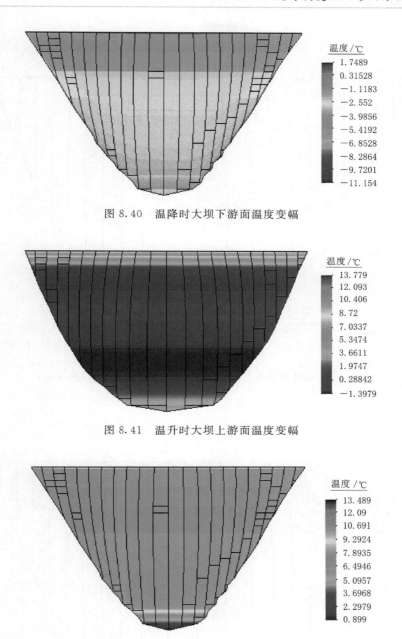

图 8.40　温降时大坝下游面温度变幅

图 8.41　温升时大坝上游面温度变幅

图 8.42　温升时大坝下游面温度变幅

8.4.2.4　实际温度荷载对应力的影响

　　基于大坝实际温度荷载，计算温降和温升情况下大坝应力，具体应力增量如图 8.49～图 8.56 所示。温降荷载作用下大坝上游横河向、竖向应力均为拉应力增量，大坝 2440.00m 高程以上应力增量最大，约为 0.8MPa，其中横河向应力增量沿高程向下逐渐减小并转为受压状态；下游面同样普遍为拉应力增量，最大在上部高程，约为 0.8MPa，沿高程向下逐渐减小。

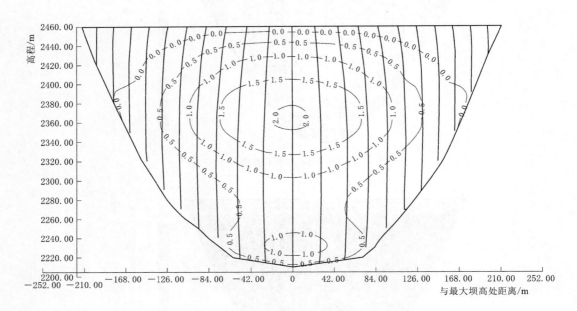

图 8.43　温降作用下大坝上游面顺河向变形增量（单位：mm）

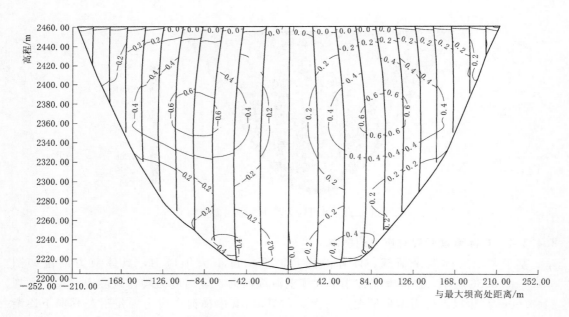

图 8.44　温降作用下大坝上游面横河向变形增量（单位：mm）

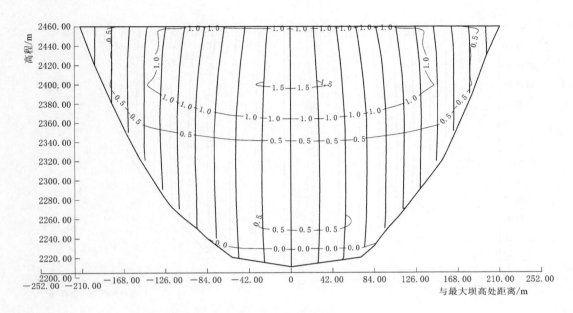

图 8.45　温降作用下大坝上游面竖向变形增量（单位：mm）

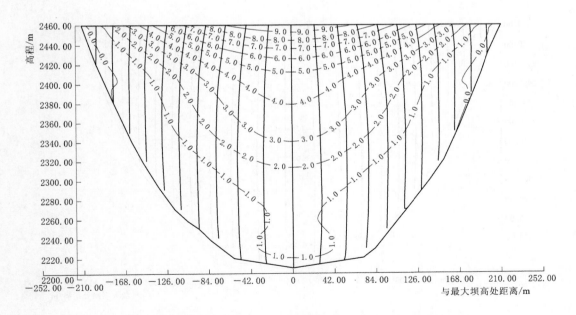

图 8.46　温升作用下大坝上游面顺河向变形增量（单位：mm）

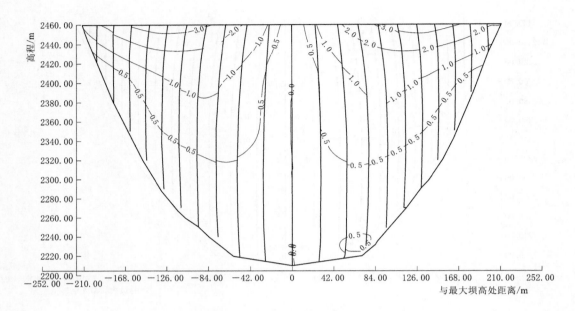

图 8.47　温升作用下大坝上游面横河向变形增量（单位：mm）

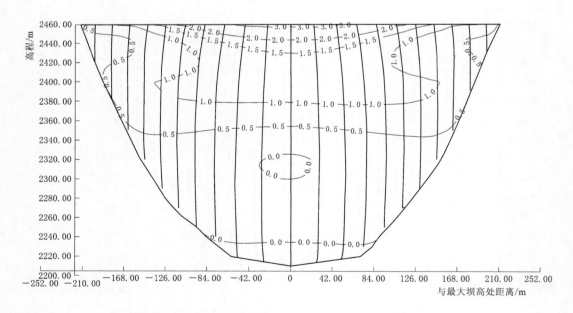

图 8.48　温升作用下大坝上游面竖向变形增量（单位：mm）

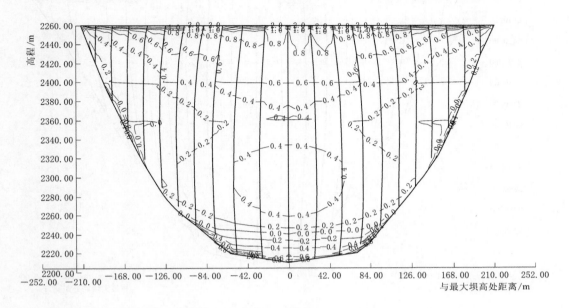

图 8.49　温降作用下大坝上游面横河向应力增量（单位：MPa）

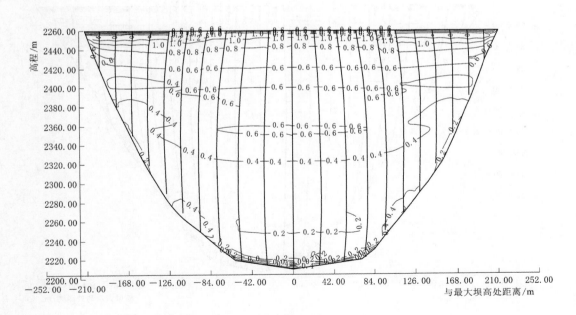

图 8.50　温降作用下大坝上游面竖向应力增量（单位：MPa）

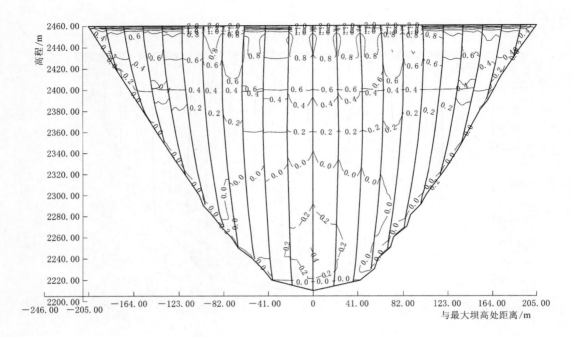

图 8.51 温降作用下大坝下游面横河向应力增量（单位：MPa）

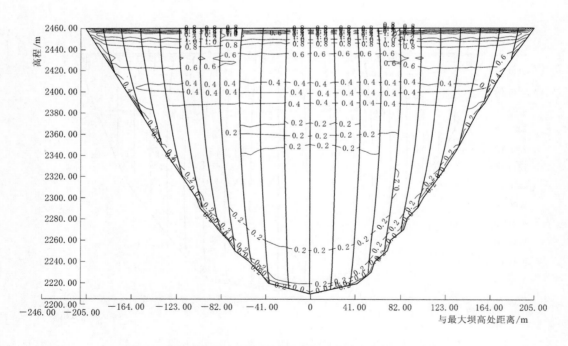

图 8.52 温降作用下大坝下游面竖向应力增量（单位：MPa）

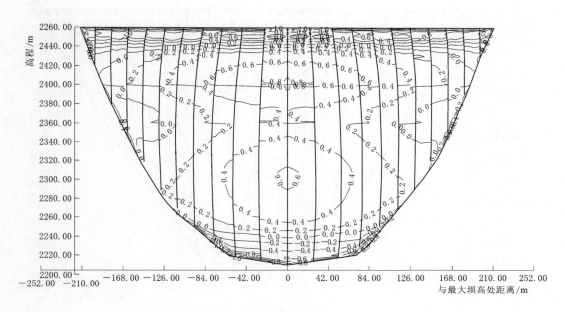

图 8.53　温升作用下大坝上游面横河向应力增量（单位：MPa）

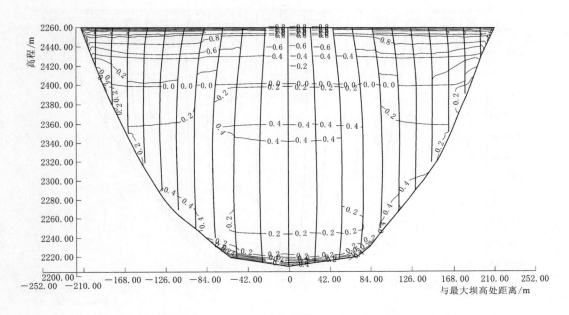

图 8.54　温升作用下大坝上游面竖向应力增量（单位：MPa）

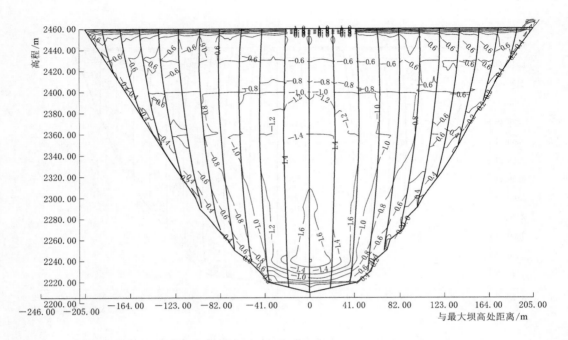

图 8.55 温升作用下大坝下游面横河向应力增量（单位：MPa）

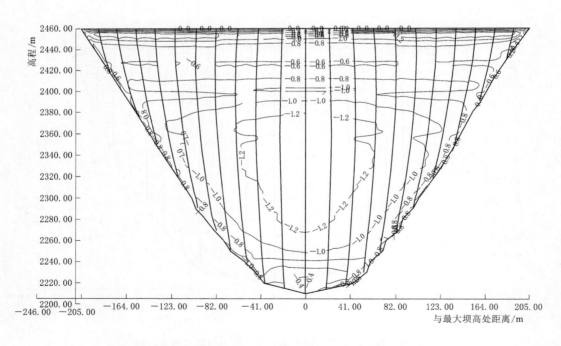

图 8.56 温升作用下大坝下游面竖向应力增量（单位：MPa）

温升荷载作用下，上游面拱端及中下部高程横河向、竖向为拉应力增量，最大约为0.6MPa，靠近坝顶上部高程为压应力增量，最大为0.8MPa；下游面均为压应力增量，横河向最大约为1.6MPa，竖向最大约为1.2MPa。

8.4.3 设计温度载荷与实际温度荷载差异及影响分析

根据上述设计温度荷载和实际温度荷载，对比分析温度荷载差异及其对变形及应力的影响。

8.4.3.1 温度荷载差异

实际温度和设计温度差值如图8.57~图8.60所示。

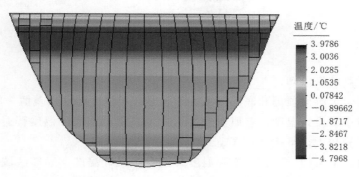

图 8.57　温降时大坝上游面实际温度和设计温度差值

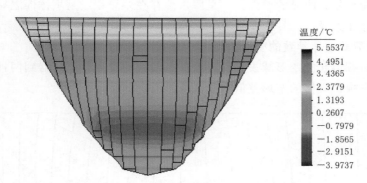

图 8.58　温降时大坝下游面实际温度和设计温度差值

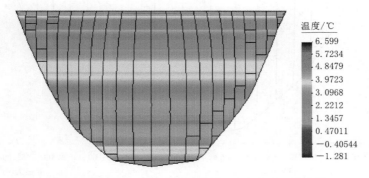

图 8.59　温升时大坝上游面实际温度和设计温度差值

181

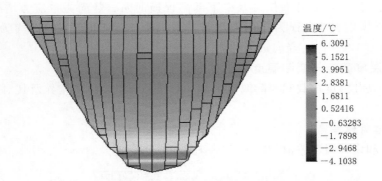

图 8.60 温升时大坝下游面实际温度和设计温度差值

根据以上计算结果可知:

(1) 温降时, 上游面顶部和底部区域实际温度大于设计温度, 差值一般为 1～1.5℃; 中间大部分区域小于设计温度, 差值一般为 0～4℃; 下游面实际温度普遍大于设计温度, 其中上部区域差异较大, 可达 2～3℃, 下部区域差异较小。

(2) 温升时, 上游面、下游面实际温度普遍大于设计温度, 局部区域小于设计温度, 如上游面顶部、下游面上部高程等, 差值为 4～5℃, 差异明显。

(3) 温度荷载差异明显的原因: 一是库水温存在差异; 二是坝体保温导致的下游面温度与环境温度存在差异。

8.4.3.2 温度荷载差异导致的变形差异

实际温度荷载引起的变形减去设计温度荷载引起的变形, 可以得到两种温度荷载差异对变形产生的影响, 具体的变形差值如图 8.61～图 8.66 所示。

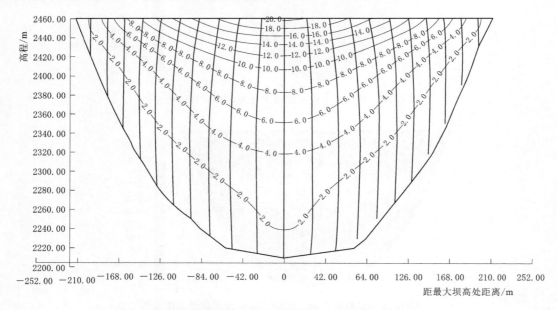

图 8.61 温降作用下大坝上游面顺河向变形差值 (单位: mm)

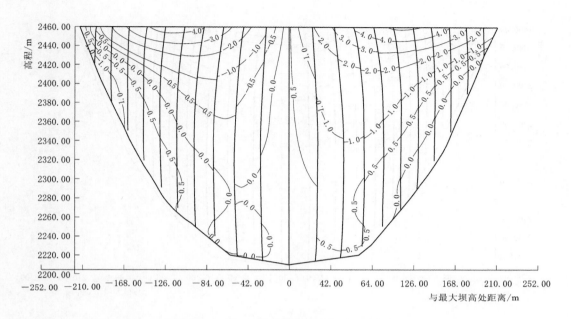

图 8.62 温降作用下大坝上游面横河向变形差值（单位：mm）

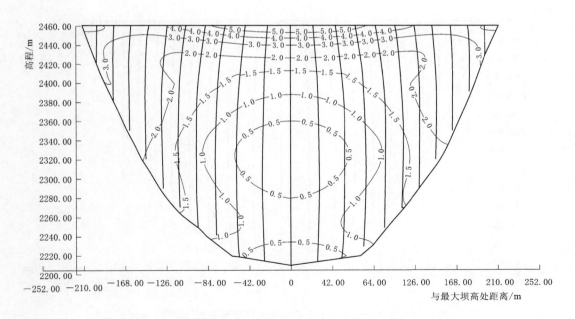

图 8.63 温降作用下大坝上游面竖向变形差值（单位：mm）

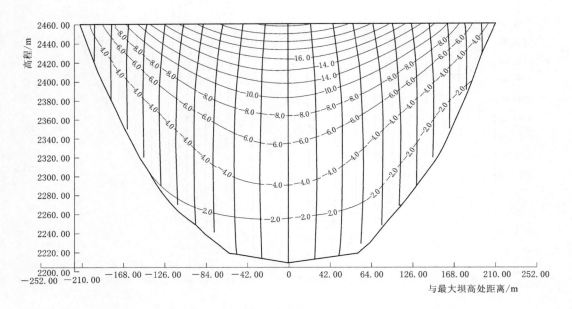

图 8.64　温升作用下大坝上游面顺河向变形差值（单位：mm）

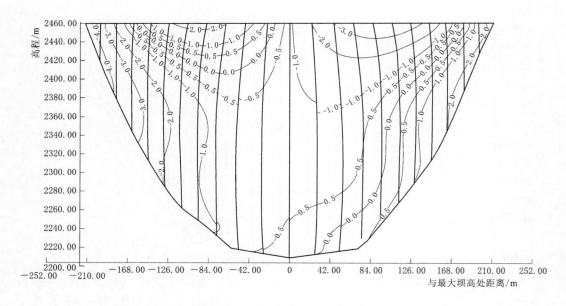

图 8.65　温升作用下大坝上游面横河向变形差值（单位：mm）

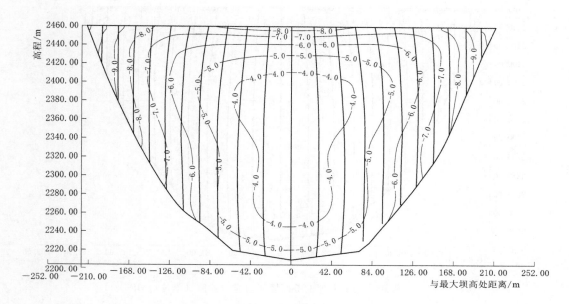

图 8.66 温升作用下大坝上游面竖向变形差值（单位：mm）

根据以上计算结果可知：

（1）温降时，实际温度荷载导致的坝体变形较小，设计温度荷载导致的变形较大，两者差异显著，其中顺河向变形差值最大达到 20mm，即按设计荷载计算的坝体变形表现为向下游变形 20mm，而按实际温度荷载计算的坝体几乎未产生变形；横河向变形规律类似，两者差值最大约为 4mm；竖向变形坝顶差值达到 5mm，设计温度荷载存在较明显的抬升变形，但实际温度荷载变形量值很小。

（2）温升时，两者差异同样显著，顺河向变形差值最大超过 20mm，其中设计变形约为 30mm，而实际计算得到的变形差值约为 9mm；横河向变形相差约 3mm；竖向变形相差约 8mm。

（3）实际温度荷载作用下，顺河向变形计算结果与监测结果比较接近，在水位不变时，大坝冬季和夏季顺河向变形差值约为 10mm。

8.4.3.3 温度荷载差异导致的应力差异

实际温度荷载应力减去设计温度荷载应力，可以得到温度荷载差异对应力的影响，具体应力差值如图 8.67～图 8.74 所示。由图可知，实际温度荷载形成的应力较小，与设计温度荷载形成的应力相减差异显著，尤其是上游面中上部区域，设计温度荷载放大了温度荷载对大坝工作性态的影响。

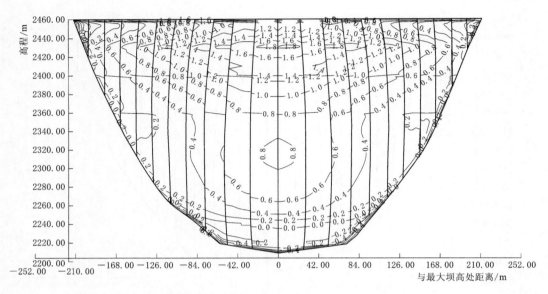

图 8.67 温降作用下大坝上游面横河向应力差值（单位：MPa）

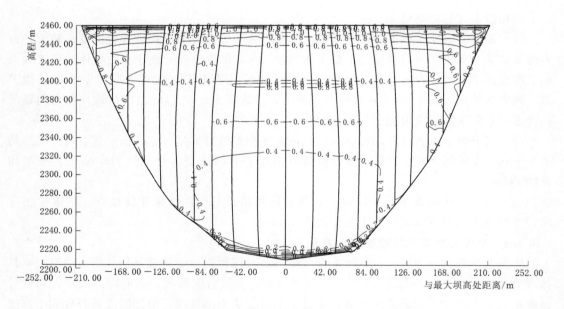

图 8.68 温降作用下大坝上游面竖向应力差值（单位：MPa）

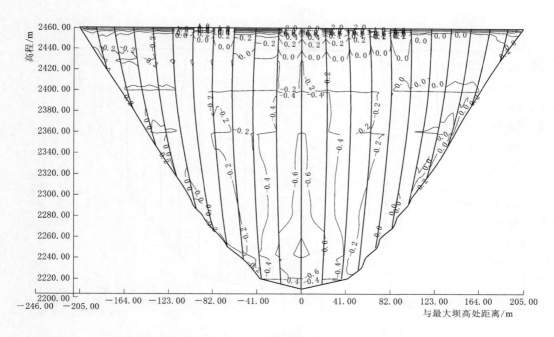

图 8.69　温降作用下大坝下游面横河向应力差值（单位：MPa）

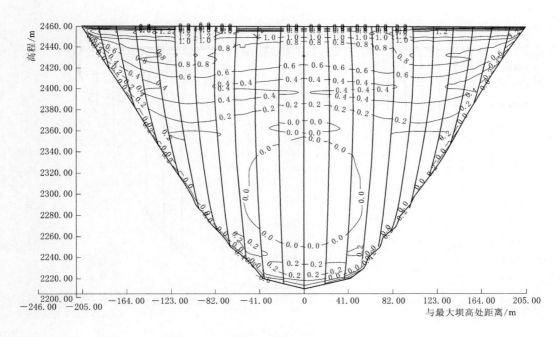

图 8.70　温降作用下大坝下游面竖向应力差值（单位：MPa）

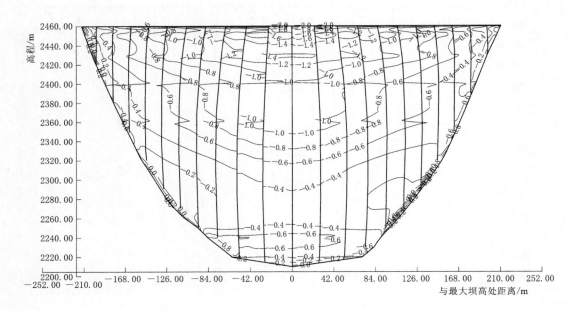

图 8.71　温升作用下大坝上游面横河向应力差值（单位：MPa）

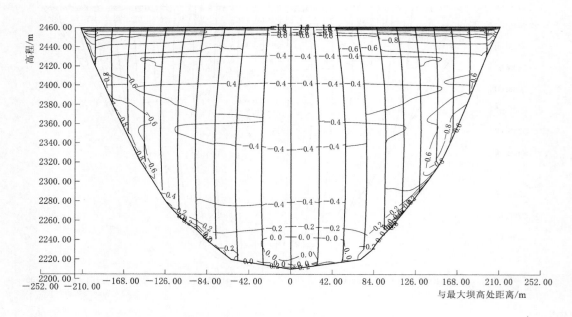

图 8.72　温升作用下大坝上游面竖向应力差值（单位：MPa）

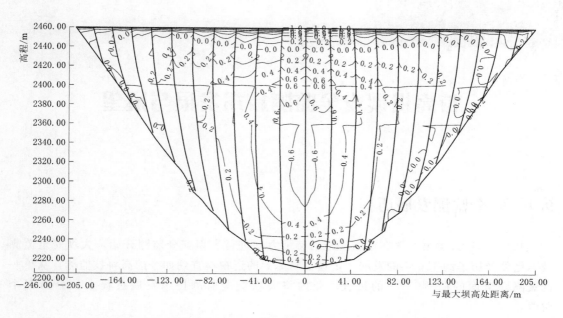

图 8.73　温升作用下大坝下游面横河向应力差值（单位：MPa）

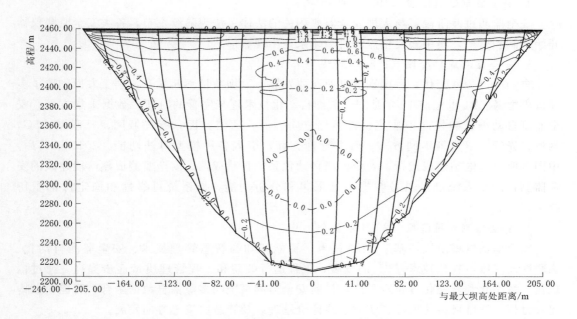

图 8.74　温升作用下大坝下游面竖向应力差值（单位：MPa）

第 9 章

特高拱坝安全监测技术发展与展望

9.1 安全监测发展历程

从 1891 年人类第一次在德国埃施巴赫重力坝进行大坝安全监测开始，大坝安全监测技术已经经历了约 130 年的发展，走过了从原始的巡视检查到如今的高科技监测，从单一的观测到全面的监测[71-73]的过程。业内将大坝安全监测技术发展过程大致分为四个阶段。

1. 原型观测阶段（1891—1964 年）

原型观测阶段主要进行检验设计，观测的方式主要为目测，或者利用差动电阻式、应变片式等类简单的人工观测仪表进行观测。

2. 安全监测过渡阶段（1965—1985 年）

安全监测过渡阶段，与大坝安全监测相关的法律、法规陆续发布，各类安全监测仪器开始研制和生产，集中式安全监测自动化系统出现雏形。

3. 安全监测成熟阶段（1986—2019 年）

自 20 世纪 90 年代，我国水电事业高速发展，大坝数量不断攀升，坝工方面创造了多项世界之最。21 世纪前 10 年是安全监测自动化技术逐步完善的时期。数据采集方面，安全监测自动测量装置向模块化、智能化方向发展；通信方面，有局域网、互联网、5G、网桥、光纤、卫星等不同方式；数据管理方面，引入各种模型算法功能。2010 年以后，中国多座巨型电站建成运行，安全监测自动化系统日趋成熟。安全监测成熟阶段建成的安全监测自动化系统已经具备数据自动采集和分析功能，但系统可靠性和稳定性都亟待改善。

4. 安全监测发展阶段（2020 年至今）

安全监测发展阶段，基于 BIM 技术、智能感知与智慧管理技术、安全监测自动化、物联网及三维可视化技术[74-78]的发展，工程运行效益和工程管理质量逐步提高。通过信息化、数字化和智能化等技术手段，目前安全监测系统向多源信息数据融合、智能模型构建及分析、三维可视化展示、实时在线评价管理以及智慧决策等方向发展。

现阶段我国安全监测法律法规、标准规范体系日益完备。现行《电力标准体系表（第2 版）》由中国电力企业联合会标准化中心组织编制，于 2012 年 11 月由中国电力出版社出版，编入了 95 个大坝安全运行标准。按照总体规划，共有 120 余项标准，主要包括国标和行标两大类，主要归口大坝安全监测标准化委会和水利部，部分归口水电站自动化标委会、中国电力企业联合会等；核心及常用的标准及法规 20 余项，包括《水电站大坝安全监测工作管理办法》（国能发安全〔2017〕61 号）、《混凝土坝安全监测技术规范》（DL/T 5178—2016）、《土石坝安全监测技术规范》（DL/T 5259—2010）等。这些现行的安全监测法规指导和规范了我国的安全监测设计、施工、监理、验收和安全监测监管、安全监测仪器生产等各项工作。

安全监测设计、施工和监理等方面，安全监测工作受到人们的普遍重视，大中型工程的安全监测系统须依据法律法规进行专项设计、专项审查、专项招标和专项验收。近年来，不少大型项目的管理者已经认识到安全监测专业性强的特点，在工程建设期建立了专门的安全监测监督管理机构——安全监测中心，"专人专责"管理和负责安全监测各个方面的工作。

安全监测监管方面，2018 年 9 月水利部大坝安全管理中心开始建设"全国大型水库大坝安全监测监督平台"，2021 年 9 月正式运行。目前该平台已汇集了部属和地方示范水库共计 3 万余个测点的监测信息，采集了大坝安全监测信息 5000 万余条，在已接入大型水库大坝安全运行性态在线监视及提醒、隐患早期识别、安全性态综合研判等方面发挥了重要作用。

安全监测仪器生产方面，安全监测仪器主要包含钢弦式仪器、差阻式仪器、光纤光栅仪器、陶瓷电容式仪器、电位器式仪器、压阻式微压传感器等。随着电子技术和人工智能技术的发展，外部安装型监测仪器系列增加了以全站仪、三维激光扫描仪为代表的光波测距仪和以 INSAR（合成孔径雷达干涉）为代表的微波测距仪等大范围、高精度位移测量设备；埋入式监测仪器出现了自带微型计算机或者微型处理器的智能测量传感器仪器，仪器自身具有数据存储、逻辑运算判断及自动化操作等高级功能[79-82]。目前大坝安全监测仪器已开始向小型化、智能化与多功能方向发展，并逐步具备自诊断、自校准、直接物理量输出展示、数字化结果输出、人机交互等智能仪器功能。

大坝安全监测经过多年的发展，已从最初的人工化转变为自动化，现在正在往数字化、智慧化方向发展。

9.2　智慧监测关键技术

智慧监测是在对传统混凝土大坝实现数字化后，采用通信与控制技术对大坝全生命周期所有信息实现实时感知、自动分析与性能控制的技术[83]。有学者提出了智慧监测是以数字大坝为基础，以物联网、智能技术、云计算与大数据等新一代信息技术为基本手段，以全面感知、实时传送和智能处理为基本运行方式，对大坝空间内，包括人类社会与水工建筑物在内的物理空间与虚拟空间进行深度融合，建立动态精细化的可感知、可分析、可控制的智能化大坝监测系统[84]。

智慧监测不仅需要挖掘监测数据中的有用信息，更需要根据分析计算结果对大坝的管理作出决策，从而采取相应措施管控大坝，这需要尽可能地将专家的知识经验工具化，以使得计算机可对监测成果进行分析判断，从而作出科学的决策。监测管理软件平台是集合数据采集、传输、管理、分析、决策控制和成果展示等功能的管理工具，智慧监测平台应具有全面性、可扩展性、简单的操作性等特点，强大的管理软件是安全监测管理的最终体现。大坝智慧监测系统架构包含感知层、传输层、信息层、分析层和应用层，如图 9.1 所示。

图 9.1　大坝智慧监测系统架构

智慧监测不仅是大坝监测理论与技术的直接反映，更是先进科学技术的集中应用。实现智慧监测不仅需要发展坝工理论和计算方法，更需要将各个领域中的先进技术，如物联网、互联网、云计算、区块链、数字孪生、机器学习等引入其中。虽然目前的安全监测智慧化程度还不是很高，但在计算机、信息化、人工智能等领域的高速发展下，大坝安全监测智慧化程度肯定会逐步提高。这将对降低大坝风险、保障大坝安全、减少大坝发生事故造成的损失具有重要意义。

智慧监测在全生命周期的安全管理中均非常重要，是坝工理论与先进科学技术的集中体现。目前部分较新、较热门的技术如下：

1. 数字孪生

数字孪生（digital twin，DT）最早由美国密歇根大学的 Michael Grieves 教授在 2003 年提出。在后续的文章中它被定义为包括实体产品、虚拟产品以及二者间的数字化系统。2011 年，美国空军研究实验室（AFRL）与美国国家航天局（NASA）对数字孪生进行了深入研究，才使得该项技术得到真正的关注。如今，随着计算机技术和智能制造的发展，数字孪生也得到了高速发展，2016—2018 年，数字孪生连续 3 年名列"十大战略技术趋势"。近几年，数字孪生得到了许多专家学者的青睐，使其在各行各业均得到了一定的发展。

数字孪生的定义为"集成了多物理量、多尺度、多概率的系统或飞行器仿真过程，它以数字化方式建立多维、多时空尺度、多物理量的虚拟实体，能够实时仿真和刻画物理实体在真实环境中的属性、行为、规则等"。它可以简单理解为这样一项技术：针对某个实体对象建立数字化模型，即数字孪生体，实体对象在真实场景中的运动可以体现在数字孪生体上，对数字孪生体进行各种条件下的仿真计算可以反馈到实体对象上。数字孪生技术包括实体对象、虚拟对象以及它们之间的信息交换三部分内容。它可以实时且双向地服务于实体对象的全生命周期。通过对数字孪生体进行各种模拟仿真计算来研究实体对象，不仅避免了对实体对象的影响，还可以重复计算，以提高效率、节约成本。这项技术在航天、机器人、工业等领域具有非常重要的价值。

对于水利工程安全监测而言，数字孪生技术具有非常大的发展前景，从信息交换的角度来看，主要应用体现在以下两方面：

（1）健康监控。建筑物在真实环境中的状态数据会通过传感器等仪器设备传递至数字孪生体上，数字孪生体会根据实时传递来的数据，调整自身，展示出建筑物实时的三维状态。此外，还可以根据实时数据，对数字孪生体进行相关计算，得到建筑物的稳定性、安全性及发展趋势等信息，快速地对大坝进行安全评价，从而实现对建筑物的三维实时动态监测及健康监控。

（2）模拟计算。数字孪生体不仅可以描述建筑物的几何特性，还可以描述其物理特性、材料特性和微观特性等。因此，可以通过对数字孪生体进行各种工况下的模拟仿真计算，从而研究大坝在各种条件，尤其是极端条件下的真实状态。模拟计算的结果对于建筑物在设计、施工、运行、管理、风险控制及提供决策等方面均具有重要价值。

数字孪生在水利工程中已开展探索研究与应用。几项核心的数字孪生技术在数字流域和物理流域的虚实映射中得到了一定应用[85]。有学者已提出了打造水利工程数字孪生体的技术路线和工作思路，并建立了数字地形，实现了二维和三维数据一体化展示应用，提升了智慧流域的建设[86]。还有学者基于数字孪生概念，利用现有三维GIS可视化技术手段，结合时空数据模式，构建了一套三维可视化水利安全监测系统[87]。然而，数字孪生技术还没有成熟且广泛地应用于水利工程安全监测。这主要受多尺度数字孪生体的建模与数据应用、高性能计算等多项关键技术的制约。大坝数字化模型通常都是在特定计算软件中建立的。当针对不同问题建立不同数字化模型时，如何将其有效融合，如何快速反馈实时监测数据，以更新模型动态，还需进一步研究。数字孪生技术需要对大量数据进行高速计算，才能实现实时可视化监控，这就需要对数据结构、算法以及软、硬件系统提出更高要求。但目前受计算机技术水平和大坝多源监测数据分析理论与方法水平的限制，高性能计算能力亦需要进一步提高。

2. 物联网

物联网概念起源于1999年麻省理工学院自动识别中心提出的网络无线射频识别系统，即把所有物品通过射频识别等信息传感设备与互联网连接起来，实现智能化识别和管理。2005年，国际电信联盟正式确定了物联网的概念。物联网指通过信息传感设备，按照约定的协议，把物品与互联网连接起来，进行信息交换和通信，以实现智能化识别、定位、跟踪、监控和管理的一种网络。如果说互联网实现了人与人之间的信息交流，那么物联网就是人与物之间的沟通与管理。它是在互联网的基础上延伸和扩展的网络。由于物理网需要在互联网上对大量的物品进行数据采集、管理与分析计算，因此其具有广覆盖、大容量、低功耗、低成本、高效率的特点。

物理网的基本架构从底部向上包括感知、通信、互联、管理和应用。感知是通过各类传感器对物的各项状态指标及其周围环境进行信息采集，这是对物进行量化管理的基础。通信是将感知的信息传输至互联网中，通常有移动通信、无线网、卫星等方式。互联是基于互联网技术建立的网络平台，以此将物连接至互联网中，实现高效、可靠的管理。管理是通过计算机对感知来的数据进行分析计算，从而根据需求实现对物的管理和控制。通过集成上述内容，根据业务需求，即可构建特定的应用管理平台，实现物与物、人与物的交互。

物联网的关键技术有感知技术和信号分析技术。为了实现物物相连、人物互动的目标，首先要获得客观世界中各种物品的状态信息。为了实现对物的感知，可从声、光、热、位移等多维度进行信号采集，同时，需要对传感器进行合理的布设以及对信息进行高效的传递，才能全方位地掌握物品的健康、性能等状态。这就需要采用各种类型的传感器对物品进行监测。随着科技的不断发展，传感器正朝向微型化、智能化、信息化和网络化方向发展，其信息传递的成本和功耗也越来越低，可以说感知技术是实现物理网的重要基础。通常感知的信号有数据、声音、图形等，获取这些信号中的有用信息，实现人与物的互联，就需要对信号进行有目的、有针对性的分析。通常，信号分析有降噪处理、特征提取、分类、预测等方法，这是对物进行网上互联管理的关键。

将感知技术和信号分析技术应用于大坝安全监测，对大坝智慧监测的发展非常重要。在智慧监测中，通过仪器设备感知大坝的实时状态，从而获取大坝运行状态信息是安全监测的基础；通过对数据进行智能分析计算，以了解和掌握大坝安全性态是安全监测的主要目的。因此，物联网技术的发展对于大坝安全智慧监测具有重要的意义。

物联网技术目前已在水利工程安全监测中进行了部分应用。已有学者构建了智慧水利物联网总体技术框架，提出了"终端监视、边缘监测、网络监控、云端分析"的智慧水利物联网网络安全监测总体策略[88]；还有学者综合应用了无线传感器网络技术、嵌入式计算机技术、射频识别技术、有线（无线）数据通信技术、电子与信息技术等，设计了物联网模式的水库大坝安全监测智能机系统，实现了数据采集、数据传输、数据存储及处理、电源管理、数据显示等功能[89]。虽然目前物联网技术在大坝安全监测中的应用程度并不高，但其具备融合多项技术的优势，在智慧监测、智慧水利、智慧城市的发展中均具有巨大的发展潜力。

3. 云计算

随着信息化、数字化的发展，当今社会的信息量正在呈爆炸式发展。在单个计算机的处理能力有限的情况下，若通过提高硬件设备以保证对数据的管理与应用，又会带来成本问题。在上述背景下，云计算应运而生。自 2007 年 IBM 正式提出云计算的概念以来，许多学者对云计算开展了大量的研究。云计算是一种新型的网络计算服务，它把网络上的服务资源虚拟化，由专人负责调度、管理、维护，使用者不用了解其内部情况，只需根据需求付费购买计算服务，类似付费使用水和电一样。云计算的存在，使企业或个人再无须自已搭建基础设施和平台，无须自己进行管理和维护，即可享受高性能、高效率的计算服务，从而提高生产力。

按照部署方式，云计算可分为私有云、社区云、公有云和混合云。私有云是为单个客户建立的，其安全性和服务质量是最高且可控的；社区云是一些组织共享的云，服务于该组织，具有一致的任务调度和安全策略；公共云由一个组织拥有，公开提供对外的云服务；混合云则是以上两种或两种以上云的组合。按照服务模式，云计算可分为基础设施即服务（Infrastructure-as-a-Service，IaaS）、平台即服务（Platform-as-a-Service，PaaS）和软件即服务（Software-as-a-Service，SaaS）。基础设施即服务是最底层的服务，主要是硬件基础设施资源，用户可以根据自己的需求定制资源配额，然后按量付费，最常见的就是云主机和云存储的租用。平台即服务是用户根据云服务提供的软工具和开发语言，根据需求自己在其上开发并部署应用服务，用户不必解决底层网络、存储和操作系统等技术问题。软件即服务是最上层的服务，用户可根据需求直接租用云服务提供的软件，然后按量或按时长付费。云计算的使用方式不唯一，需要用户根据自己需求选择。

云计算具有资源池、按需量化服务、弹性使用、高可靠性等特点。资源池是指服务商将资源统一汇集、管理，可根据用户的需求动态分配资源，以充分利用资源。按需量化服务是指用户按照实际需求可量化地使用资源，服务商也可以根据自身的计量情况进行资源分配和回收。弹性使用是指服务商为用户提供的计算资源可根据用户需求的改变进行弹性调整。云计算具有庞大的基础资源，在对数据进行计算的过程中，可自动检测失效节点，针对冗余数据能够继续调用资源进行工作，具有很高的可靠性。

云计算作为一种超级计算方式，运用了很多计算机技术，其关键技术包括虚拟化技术、分布式存储与数据管理技术、编程技术。虚拟化技术的原理是利用智能设备将一台计算机虚拟化，成为多台完全不同的计算机，以使得资源利用率得到提高，成本得以降低，从而达到高效计算的目的。它是一种资源调配方法，应用于系统的软硬件、数据、网络、存储等多个层面。分布式存储是在两个及以上的软件中相互共享信息，这些软件既可在同一台计算机上运行，也可在多台计算机上联网运行，其优点是资源共享，能平衡及调配计算资源。分布式存储是实现云计算强大功能的核心技术，面对海量数据的分析计算，高效可靠的数据管理是云计算的关键技术之一，目前主要有 Google 的 BigTable 和 Hadoop 开发的 HBase、Hive。为了保证资源的高效利用，云计算系统内部采用的主流编程模型是 MapReduce。它是一种简化的分布式编程模型，其策略是将任务分为多个子任务，以实现资源的合理调度和分配。在此计算环境下的编程相对简单，用户也只需根据自己的需求编写程序。

我国很多基层水利部门基础设施薄弱，专业人员较少，在资源共享、维护和使用方面非常困难。提高信息化程度需要投入更多的基础设备，但投入过多会使得资源得不到充分利用，且维护和管理成本增加，资源平衡问题难以解决。因此，云计算以其强大的计算能力，较低的使用成本及丰富的扩展性，成为发展智慧水利的重要技术。目前已有学者分析了云计算在水利信息化建设中面临的诸多问题，提出了构建水利云平台的方案[90]。水利云平台可以使信息资源整合共享，推动我国数字水利向智慧水利转变。

4. BIM

建筑信息模型（building information model，BIM）最初起源于 20 世纪 70 年代的美国，由佐治亚理工大学建筑与计算机学院的查克·伊士曼博士提出。BIM 技术发展至今，众多专家学者对其开展了相关研究，但目前还没有形成完整、统一的理解。简单来说，BIM 技术是指以建筑工程项目中的基本构件作为设计元素，将描述构件的几何数据、物理特性、材质信息等元素组织起来，形成一个综合数据模型库，该库可根据需求对模型的数据进行修改、编辑等操作；同时，该库中的构件之间具有一定的逻辑关系，它们共同组成了完整且有层次的建筑信息系统。BIM 包括建筑物所有构件的信息，它指的并不是某一种或者某一类软件，也不仅仅局限于建立数字化模型。通过对数字化模型进行管理，BIM 可以使传统设计变得更加精细、高效。

BIM 技术相较于传统的设计方法具有数字化、空间化、定量化、全面化、可操作化和持久化的特点。建筑信息进行建模的过程和对构件不同属性的描述均采用数字化方法模拟。BIM 模型具有空间可视化的特点，其模型更加真实、直观。面对越来越庞大、越来越复杂的大坝结构，空间可视化可大大提高设计的效率、质量以及成果的整体展示效果。BIM 建立的数字化模型，其各种属性特征具有定量化、坐标化、参数化的特点，便于查询、修改和编辑。在建设 BIM 模型的过程中，通过沟通和整合设计目的，综合考虑建筑物整体性能，研究施工方式、顺序和经济方面的可行性，BIM 技术可应用于建筑项目的全生命周期，具有持久性的特征。

目前，BIM 技术已经在全世界建筑行业逐步开始应用，在我国也处于初步应用阶段。针对大坝安全监测系统存在的数据可视化程度较弱、集成融合程度低等问题，有学者设计了基于 BIM＋GIS 的流域库坝安全监测系统，实现了运行数据的融合和可视化交互，提高了监测仪器和数据管理的效率[91-92]。针对传统设计过程中反复出图、改图烦琐等问题，BIM 技术可改进拱坝的优化设计和管理，大大提高设计质量、工作效率及监测水平[93]。虽然 BIM 技术目前应用并不广泛，但其以独特的技术和理念，可促进大坝监测的数字化、信息化以及智慧化的发展。

5. 机器学习

机器学习（machine learning，ML）是利用经验自动改善自身性能的行为，即机器让自己从已有的大量信息中学习规律、知识，从而使得机器性能不断完善、更加优越。机器学习可分为监督学习、无监督学习、半监督学习和强化学习。监督学习需要依据有标注的样本进行训练，即已知模型的输入和输出，通过不断训练调整模型内部参数，挖掘输入到输出的内部规律，常见的学习算法有神经网络、支持向量机、决策树、线性回归等。这类学习对样本要求较高，但学习效果最好。无监督学习中的样本是没有标注的，即输入样本已知，输出样本未知，这类算法根据规则寻找数据的内在模式和规律，从而获得样本数据的有用信息。这类算法更接近于人类的学习方式，常见的学习算法有主成分分析、K 均值、层次聚类等。半监督学习则介于上述两者学习方法之间。强化学习是一个智能体采取行动从而改变自己的状态，以获得奖励与环境发生交互的循环过程，即智能体根据一定规则，从自己学习的过程中不断完善自己的过程，常见的学习算法有 Q - Learning、Model - Based RL、Policy Gradients 等。机器学习研究的主要问题有分类、聚类和回归。机器学习在大坝安全监测数据清洗、监控模型建立等方面均有良好的适用性。

在大坝安全监测数据采集过程中，往往由于仪器设备故障，观测人员水平存在差异以及外界环境影响等因素，监测数据出现误差、缺失值、重复值等情况。这些数据并非是反映坝体结构性态的信息，故而在一定程度上影响了数据分析计算的精度和稳定性。因此，进行数据清洗，尽可能地获取真实有效的数据对于大坝安全监测数据分析非常重要。在大坝监测数据清洗研究中，较为熟知的有局部异常因子（local outlier factor，LOF），该算法是基于数据密度的离群值检测，认为离群值偏离其他数据，其数据的密度会明显小于其他数据[94]。该算法简单、直观，不需要对数据的分布做太多要求，能量化数据点的异常程度。孤立森林算法通过构造隔离树，组成一个孤立森林，在孤立森林中，离群点通常具有较短的路径，以此识别离群值[95]。离群值检测只是数据清洗的一个研究方向，机器学习关于数据清洗算法的研究还有很多，面对日渐增长的海量监测数据，数据清洗可为后续数据分析提供更高质量的数据，更有利于大坝安全监测智慧化的发展。

大坝安全监控模型是通过回归算法拟合环境量与效应量的作用规律，从而研究效应量的变化机理，预测其发展趋势。近些年，以人工神经网络、支持向量机、极限学习机等机器学习算法为代表而建立的监控模型受到了越来越多学者的青睐。这类模型可以通过自学习、自组织、自适应的方式调整模型参数，具有非常强的学习能力和非线性映射能力，一定程度上提高了大坝监控模型的智能化水平。在大坝安全监控模型中，常见的有 BP 神经网络[96] 及其改进的相关模型[97-99]。支持向量机在解决小样本、非线性及高维模式识别方面具有许多特有的优势。加权最小二乘支持向量机被认为是预测大坝动态响应最可靠的方法[100-101]，该方法同样可以和优化算法相结合以提高模型的性能。极限学习机是一种简单、有效的单隐层前馈神经网络，具有计算简单、速度快的优势。目前还有在线极限学习机等多种改进算法[102-103]。它是一个能够成批次对数据进行训练的单隐含层前馈神经网络，可适应当前最新环境变化，通过对最新的监测数据进行训练即可对模型参数进行更新。智能监控模型在数据建模、实时在线拟合、预测分析等方面具显著优势，在智慧监测发展过程中具有重要发展前景。

监控指标是根据大坝建设资料和监测数据计算的坝体关于变形、渗流、裂缝等效应量的警戒值和极值，以此监控、评价大坝的安全。监控指标的拟定相当复杂，是国内外大坝安全监控研究的主要难题之一。目前大坝安全监控指标拟定方法大致可分为数理统计和结构分析两大类。数理统计法主要有置信区间估计法和典型小概率法。该类方法对于样本和参数选择均有较高要求，它们以统计概念为基础，不能反映大坝的物理概念，也不能根据大坝的重要性进行调整。结构分析法是根据大坝结构特征和破坏过程，采用数值计算，分不同工况拟定不同效应量的监控指标。在数值计算中，坝体结构物理参数的选取至关重要。基于神经网络、支持向量机等机器学习方法[104-105] 以及基于狼群算法、遗传算法等优化算法[106]，可以依据原位监测数据，建立坝体参数的反演模型，从而估算出最合理的参数。机器学习对于提高大坝监控指标的精度具有显著优势。

随着大坝安全监测往智慧化方向发展，其对监测数据的分析计算无疑提出了更高的要求。机器学习以其智能化的发展目标、多学科的综合技术以及强大的算法功能，在人工智能领域与数据处理方面得到了广泛研究与应用。这项技术在智慧化大坝安全监测方面同样具有非常大的发展潜力。

9.3　展望

　　智慧监测是目前发展的重要趋势，但随着科学技术的不断发展，大坝安全监测未来还有很多的发展可能，在此对其从设计、施工、数据采集、分析计算等方面进行展望。

　　1. 智能感知手段

　　目前，特高拱坝的高精度垂直位移监测一般采用人工精密水准法，特高拱坝的弦长和谷幅监测大多利用全站仪并采用人工监测，这不利于智慧监测的基础信息感知。特高拱坝监测常规设计思路是布置单点，获得离散位置处监测信息。由于特高拱坝结构的复杂性，离散位置的测量结果很难反映大坝整体规律，这种监测方法在一定程度上给空间监测带来了盲区。

　　全面且精确的感知技术是获取大坝状态信息的关键，也是后续安全监测工作的基础。随着智能传感技术的发展，感知手段不仅会逐步提高依据声、光、电等信号的感知技术，还会发展依据射线、微波等信号的感知技术；同时，人工巡检也将采用类似无人机巡检、智能图片、视频信息识别这样的便捷方式。智能感知技术对大坝的感知将具有距离更远、稳定性更可靠、精度更高、对象更全面、方式更便利的特点。依据强大的感知技术，对大坝的监测方式也将从对点的监测发展至对线、对面甚至对体的监测。例如，未来特高拱坝监测设计可利用测量机器人、INSAR 等进行外观自动监测或者整体变形监测，利用视觉智能测量技术进行垂直位移自动监测，利用超声波测距传感器、红外线测距传感器、毫米波雷达传感器、激光测距传感器等进行弦长和谷幅自动监测，利用多维度变形测量装置（又称柔性测斜仪）进行连续变形监测，等等。多种技术手段综合应用，加之专用软件的开发，可实现全天候无人值守的特高拱坝自动化观测。这对于发展大坝全面感知将是质的飞跃。此外，针对监测仪器埋管、布线等供电方式影响仪器可靠性和耐久性、施工进度和质量的问题，若实现无线充电，则不用考虑监测仪器供电的问题，直接埋入坝体内部测量相应物理量，定期通过外部装置无线充电即可持续工作。这样便可长期稳定地采集数据。智能感知手段通过感知设备、信息采集范围以及工作方式得到大幅度改善。

　　2. 机器人安全监测设计

　　目前，安全监测设计是在水文、地勘资料的基础上，结合建筑物形式和布置，凭借专家经验进行设计，主要依靠人工进行，设计水平也依赖专家经验和知识。大坝安全监测设计主要是采用合适的监测仪器测量相应的物理量。若可将仪器的优缺点、适用范围、施工条件、测点布置位置的选择依据和条件描述为机器可识别的量化语言，同时建立相应的算法流程，最终便能实现自动化安全监测设计。该设计可最大化地利用资源，不仅能大大提高设计效率，还可充分利用资源，寻找条件范围内的最优设计方案。

　　3. 监测数据智慧处理

　　监测数据是了解、掌握大坝安全性态最重要的信息，也是进行大坝管理的重要依据。目前对监测数据的分析还不够深入，计算方法也不够智能。监测数据智慧处理是指在对监测数据进行分析计算的时候，不仅可以考虑单个测点的数据，还可综合多源相关数据以及水文、气象和设计的相关资料，全面挖掘数据内部的有用信息；同时针对相关计算模型和方法，根据计算理论或误差自行对其不断修正改进，以完善其精度与可靠性。监测数据智慧处理可充分挖掘出数据中有价值的信息，对于及时、深入地认识大坝以及预测预警非常重要。

4. 人机交互智能管理平台

未来，在强大的计算机软硬件基础上，监测管理平台无疑具有更强的计算性能、更智慧的操作方式和更全面的功能。彼时的人机交互智能管理平台更像是掌握大坝所有信息的机器人，它拥有强大的存储、分析计算和学习能力，了解大坝的各个方面，同时可进行可视化展示。日常管理或遇到突发情况时，该平台均可给出最优的解决方案，自行作出反馈，并通知管理人员。当管理人员想了解大坝过去、现在或未来某些信息时，对其进行语音交流控制，该平台即可通过多种方式向管理者展示信息。

大坝安全监测未来将往更高阶的智能化方向发展。这需要高度依赖计算机、通信、传感器、智能计算等技术。但这些技术只是搭建安全监测的基础，如何有效利用这些技术，使得机器可以像人一样思考，就需要设计更加先进、智能的算法流程。要真正实现人工智能状态下的安全监测，需要对自然科学和人类大脑的运作模式进行更深的探索和认识。

参 考 文 献

[1] 张亮，张学良. 锦屏一级水电站枢纽区变形监测控制网建网及复测成果浅析 [J]. 水电与抽水蓄能，2017 (3)：59-63.

[2] 李小伟. 泥石流地质灾害对锦屏一级水电站平面控制网稳定性影响分析 [C]//2013 年全国大坝安全监测技术与应用学术交流会论文集，2013：443-447.

[3] 柳志云，丁学智. 小湾水电站专一级平面监测控制网实施与精度控制研究 [C]//中国大坝协会2011 学术年会，2011：193-199.

[4] 王川，陈豪. 专一级平面位移监测网在小湾水电站的应用和分析 [C]//2012 年中国水力发电工程学会大坝安全监测专委会年会暨学术交流会论文集，2012：321-326.

[5] 邓小川，范自力. 乌东德水电站首级施工控制网测量及若干关键技术 [J]. 四川水力发电，2011，30 (3)：99-102.

[6] 杜正乔，杜俊凤，袁瑞红. 金沙江乌东德水电站工程施工中的测绘保障 [J]. 西北水电，2021 (3)：45-48.

[7] 张亮，刘峰，柳志云，等. 大岗山水电站监测控制网布设综述 [J]. 人民长江，2011，42 (14)：99-101.

[8] 卢为伟，罗浩，徐金顺，等. 锦屏一级水电站坝顶变形监测方法分析 [J]. 水利水电快报，2022，43 (8)：59-64.

[9] 陈晓鹏，阮彦晟. 锦屏一级水电站拱坝初期蓄水垂线监测成果分析 [J]. 四川水力发电，2014，33 (Z1)：128-131.

[10] 周绿，冯艺，李小顺，等. 锦屏一级水电站运行期垂线监测成果分析 [J]. 水力发电，2017，43 (11)：52-55.

[11] 田超，冯艺，邓中海. GNSS 自动化系统在锦屏一级水电站拱坝监测中的应用 [C]//2016 年全国大坝安全监测技术与应用学术交流会论文集，2016：195-200.

[12] 张亮，张学良. 精密水准测量在锦屏一级水电站蓄水期坝体变形监测中的应用 [J]. 水电自动化与大坝监测，2015 (2)：38-41.

[13] 杨弘，董燕君. 锦屏一级大坝首次蓄水过程监测成果分析 [J]. 大坝与安全，2015 (3)：34-40.

[14] 吴世勇，曹薇. 锦屏一级大坝初期蓄水工作性态分析 [C]//中国大坝协会 2014 学术年会论文集，2014：309-318.

[15] 王国进，赵志勇，邹青，等. 小湾电站安全监测设计特点 [C]//2007 年全国高拱坝及大型地下工程施工技术与装备经验交流会论文集，2007：187-193.

[16] 赵志勇，邱小弟，胡灵芝，等. 小湾电站安全监测系统特点 [C]//2012 年中国水力发电工程学会大坝安全监测专委会年会暨学术交流会论文集，2012：248-252.

[17] 杜强. 小湾大坝变形监测与分析研究 [D]. 西安：长安大学，2015.

[18] 曾志华，邱小弟，董泽荣. 小湾水电站拱坝变形监测成果统计回归分析 [C]//2012 年中国水力发电工程学会大坝安全监测专委会年会暨学术交流会，2012：345-350.

[19] 张礼兵，邱小弟，赵志勇，等. 小湾水电站拱坝 GNSS 变形监测系统设计 [C]//2012 年中国水力发电工程学会大坝安全监测专委会年会暨学术交流会论文集，2012：242-247.

[20] 郝灵，彭欣欣，熊孝中，等. 小湾水电站垂线自动化监测系统应用及分析 [J]. 水力发电，2015，

41 (10): 67 - 71.

[21] 伍中华. 金沙江溪洛渡电站安全监测工程建设监理浅述 [J]. 人民长江, 2007, 38 (10): 65 - 67.

[22] 张冲, 尹华安. 溪洛渡特高拱坝初期蓄水期监测反馈分析 [J]. 水电站设计, 2014, 30 (2): 7 - 12, 25.

[23] 胡蕾, 李波, 田亚岭. 溪洛渡水电站初蓄-运行期大坝渗流监测成果分析 [J]. 大坝与安全, 2017 (4): 30 - 35.

[24] 郝刚, 毛鹏, 何平. 溪洛渡大坝渗流监测成果分析 [C]//全国大坝安全监测技术信息网 2014 年全国大坝安全监测技术与应用学术交流会论文集, 2014: 264 - 272.

[25] 邹昊. 基于实测温度的蓄水期及运行初期溪洛渡拱坝变形分析 [D]. 宜昌: 三峡大学, 2016.

[26] 商峰, 邱永荣, 卢正超, 等. 溪洛渡特高拱坝初蓄期应力应变监测资料分析 [J]. 大坝与安全, 2015 (3): 41 - 45, 49.

[27] 苏振华, 周宜红, 赵春菊, 等. 基于数据挖掘技术的溪洛渡大坝施工期温度监测数据分析 [J]. 水电能源科学, 2016, 34 (3): 70 - 73.

[28] 金鑫鑫, 商玉洁, 卢正超, 等. 乌东德拱坝蓄水初期变形性态分析评价 [J]. 水电能源科学, 2021, 39 (12): 112 - 115.

[29] 杨宁, 卢正超, 乔雨, 等. 乌东德水电站施工期大坝安全监测自动化 [J]. 水力发电, 2021, 47 (11): 113 - 117.

[30] 施炎, 黄灿新, 黄孝泉, 等. 乌东德水电站首次蓄水期坝基渗流控制效果评价 [J]. 人民长江, 2022, 53 (3): 149 - 154, 164.

[31] 范五一, 梁仁强, 陈浩, 等. 乌东德双曲拱坝混凝土温度控制设计 [J]. 人民长江, 2014 (20): 80 - 84.

[32] 赵永, 闵京声, 赵志仁. 二滩拱坝安全监测设计及优化研究 [J]. 水力发电学报, 2004, 23 (3): 71 - 73.

[33] 蔡德文. 二滩拱坝垂线观测系统 [J]. 水电站设计, 2000, 16 (2): 41 - 46.

[34] 罗坤琴, 唐柏林. 二滩水电站大坝垂线监测系统评析 [J]. 科技资讯, 2008 (10): 62.

[35] 韩沙鸥, 程岳峰, 汪仁银, 等. 二滩大坝外部变形监测及资料分析 [J]. 四川水利, 2019, 40 (6): 54 - 58, 66.

[36] 宋明富, 闵四海, 杨银辉. 二滩大坝渗流量监测 [C]//全国大坝安全监测技术信息网 2014 年全国大坝安全监测技术与应用学术交流会论文集, 2014: 43 - 47.

[37] 吴世勇, 高鹏. 二滩拱坝安全监测资料分析 [J]. 水力发电学报, 2009, 28 (4): 107 - 113.

[38] 税思梅, 伍文锋. 溪洛渡水电站高拱坝建基面处理与安全监测 [J]. 人民长江, 2013, 44 (1): 42 - 45.

[39] 胡长浩, 周扬, 兰溶, 等. 溪洛渡水电站拱坝施工期坝基变形监测分析 [J]. 水力发电, 2013, 39 (8): 19 - 22.

[40] 张超萍, 代乔亨, 冯宇强, 等. 溪洛渡拱坝坝基接缝安全监控指标拟定 [J]. 大坝与安全, 2021 (6): 33 - 37.

[41] 陈晓鹏, 阮彦晟, 蔡德文. 一种新型应变计组埋设方式及在锦屏一级拱坝的应用 [J]. 水电站设计, 2014 (4): 91 - 94.

[42] 刘满江, 王海军. 锦屏一级水电站拱坝无应力计监测成果分析 [J]. 人民长江, 2016, 47 (1): 91 - 94.

[43] 张世宝, 李芳. 小湾拱坝应力监测资料分析 [J]. 华北水利水电大学学报 (自然科学版), 2014, 35 (4): 31 - 34.

[44] 武先伟. 高拱坝应力应变监测关键技术问题研究及其应用 [D]. 宜昌: 三峡大学, 2014.

[45] 袁琼. 二滩拱坝应力监测分析 [J]. 水电站设计, 2003, 19 (3): 37 - 40, 48.

[46] 段绍辉, 张晨, 李小顺. 锦屏一级拱坝施工期混凝土温度监测及自动化监控系统 [J]. 水电与新能源, 2015 (12): 16 - 19, 45.

[47] 袁培进, 董泽荣, 赵华, 等. 小湾水电站混凝土双曲拱坝施工期坝体温控监测 [C]//2008 年大坝安全监测设计与施工技术交流会论文集, 2008: 163 - 169.

[48] 王胜, 黄润秋, 祝华平. 锦屏一级水电站左岸抗力体基础处理洞室群围岩稳定性分析 [J]. 探矿工程 (岩土钻掘工程), 2009, 36 (9): 72 - 76.

[49] 魏建周. 小湾电站坝肩抗力体施工期监测信息在开挖中的应用 [J]. 探矿工程 (岩土钻掘工程), 2009, 36 (Z1): 318 - 323.

[50] 胡波, 廖占勇, 刘晓丽. 小湾特高拱坝蓄水初期坝肩抗力体变形特性研究 [J]. 西北水电, 2011 (Z1): 30 - 34.

[51] 张礼兵, 沈静, 赵二峰, 等. 小湾高拱坝库盘变形作用效应研究与探索 [J]. 水力发电, 2014 (12): 90 - 93.

[52] 杨姗姗, 张礼兵, 王川, 等. 从库盘对小湾大坝的影响谈库盘监测设计 [J]. 云南水力发电, 2017, 33 (5): 59 - 61.

[53] 陈豪, 张鹏, 邱小弟. 小湾水电站水库诱发地震监测与预警系统建设与运行 [J]. 水电能源科学, 2015, 33 (2): 135 - 139, 148.

[54] 曹去修, 胡中平, 熊堃. 乌东德高拱坝抗震设计研究 [J]. 人民长江, 2012, 43 (11): 20 - 24, 39.

[55] 王蓉川, 王荣新. 大岗山拱坝抗震监测设计 [J]. 人民长江, 2014 (22): 43 - 46, 61.

[56] 梁民. 二滩高拱坝安全监测信息系统设计与实现 [D]. 合肥: 中国科学技术大学, 1999.

[57] 姜云辉, 李一兵, 黎利兵, 等. 小湾水电站安全监测数据库信息管理分析系统 [J]. 云南水力发电, 2014, 30 (4): 145 - 148, 156.

[58] 赵斌, 赵志勇, 邱小弟, 等. 小湾水电站安全监测自动化系统的总体设计 [J]. 水电自动化与大坝监测, 2008, 32 (6): 53 - 57.

[59] 罗浩, 刘勇, 郑江. 锦屏一级水电站工程安全监测信息化建设与实效 [J]. 人民长江, 2017, 48 (2): 79 - 82.

[60] 周恒, 白兴平, 张群, 等. 高拱坝库盘变形影响研究工程现状与影响因素调研报告 [R]. 中电建西北勘测设计研究院有限公司, 2016: 175 - 177.

[61] 周恒, 白兴平, 张群, 等. 高拱坝库盘变形影响研究龙羊峡水电站工程变形监测资料综合分析报告 [R]. 中电建西北勘测设计研究院有限公司, 2016: 164 - 165.

[62] 袁秋霜, 高焕焕, 张群, 等. 黄河拉西瓦水电站工程枢纽建筑物安全监测资料综合分析报告 [R]. 中电建西北勘测设计研究院有限公司, 2023: 60 - 120.

[63] 袁文熠, 张业辉, 王滔. 大岗山拱坝初期蓄水变形监测成果分析 [J]. 大坝与安全, 2016 (6): 33 - 39.

[64] 胡著秀, 张建海, 周钟, 等. 锦屏一级高拱坝坝基加固效果分析 [J]. 岩土力学, 2010, 31 (9): 2861 - 2868.

[65] 胡波, 刘观标, 吴中如. 小湾特高拱坝首次蓄水期坝体变形特性分析及安全评价 [C]//2014 年全国大坝安全监测技术与应用学术交流会论文集, 2014: 273 - 283.

[66] 谢洪林, 喻建清. 小湾水电站分期蓄水实践与拱坝工作性态跟踪评价 [J]. 云南水力发电, 2020, 36 (2): 171 - 175.

[67] 李红刚. 浅析小湾水电站初期蓄水 [J]. 云南水力发电, 2010, 26 (6): 5 - 7.

[68] 舒涌. 二滩拱坝初次蓄水的变位监测反分析 [J]. 水电站设计, 2006, 22 (2): 34 - 41.

[69] 张国新, 刘毅, 刘玉, 等. 拉西瓦双曲拱坝后期工作性态仿真计算研究 [R]. 北京中水科工程总

公司，2013.

[70] 程恒，江晨芳，周秋景，等. 拉西瓦水电站大坝工作性态反分析与安全评估研究 [R]. 中国水利水电科学研究院，2019.

[71] Automated observation for the safety control of dams [R]. ICOLD Bulletin 41，1982.

[72] Dam safety – guidelines [R]. ICOLD Bulletin 59，1987.

[73] Monitoring of dam and their foundation state of the art [R]. ICOLD Bulletin 68，1989.

[74] 郭海超，王仁华. 基于 BIM 的健康监测信息研究及其可视化实现 [J]. 施工技术，2017，46 (S1)：510 – 513.

[75] 黄跃文，牛广利，李端有，等. 大坝安全监测智能感知与智慧管理技术研究及应用 [J]. 长江科学院院报，2021，38 (10)：180 – 185，198.

[76] 王在艾. 大坝安全监测自动化现状及发展趋势 [J]. 湖南水利水电，2016 (6)：77 – 81.

[77] 张斌，史波，陈浩园，等. 大坝安全监测自动化系统应用现状及发展趋势 [J]. 水利水电快报，2022，43 (2)：68 – 73.

[78] 马瑞，董玲燕，义崇政. 基于物联网与三维可视化技术的大坝安全管理平台及其实现 [J]. 长江科学院院报，2019，36 (10)：111 – 116.

[79] 沈省三，毛良明. 大坝安全监测仪器技术发展现状与展望 [J]. 大坝与安全，2015 (5)：68 – 72，78.

[80] 张俏薇，黄嘉宇. 我国智能化仪器的发展现状及前景分析 [J]. 电子世界，2014 (5)：7.

[81] 阎生存，李珍照，薛桂玉，等. 大坝 CT 中 ART 算法及其改进探讨 [J]. 武汉大学学报（工学版），2001，34 (4)：29 – 34.

[82] 华锡生，何秀凤. GPS 技术在水电工程中的应用及展望 [J]. 水电自动化与大坝监测，2002，26 (4)：6 – 9.

[83] 李庆斌，林鹏. 论智能大坝 [J]. 水力发电学报，2014，33 (1)：139 – 146.

[84] 钟登华，王飞，吴斌平，等. 从数字大坝到智慧大坝 [J]. 水力发电学报，2015，34 (10)：1 – 13.

[85] 陈胜，刘昌军，李京兵，等. 防洪"四预"数字孪生技术及应用研究 [J]. 中国防汛抗旱，2022，32 (6)：1 – 5，14.

[86] 刘海瑞，奚歌，金珊. 应用数字孪生技术提升流域管理智慧化水平 [J]. 水利规划与设计，2021 (10)：4 – 6，10，88.

[87] 徐瑞，叶芳毅. 基于数字孪生技术的三维可视化水利安全监测系统 [J]. 水利水电快报，2022，43 (1)：87 – 91.

[88] 赵文波. 智慧水利物联网网络安全监测体系研究 [J]. 水利信息化，2021 (4)：39 – 42，46.

[89] 魏永强，宋子龙，王祥. 基于物联网模式的水库大坝安全监测智能机系统设计 [J]. 水利水电技术，2015，46 (10)：38 – 42.

[90] 张巨莉. 基于云计算的水利信息化应用研究 [J]. 地下水，2020，42 (6)：275 – 276.

[91] 陈亚军，李黎，许后磊，等. 基于 BIM＋GIS 的流域库坝安全监测系统设计与实现 [J]. 云南水力发电，2021，37 (1)：53 – 58.

[92] 张晓阳，杭旭超，贾玉豪，等. 基于 BIM＋GIS 的土石坝安全监测管理平台研究及应用 [J]. 人民珠江，2022，43 (2)：24 – 29.

[93] 朱茜，包腾飞. BIM 技术在拱坝工程中的应用研究 [J]. 水利水电技术，2019，50 (4)：107 – 112.

[94] 双学珍，于广斌. 基于局部异常因子法的混凝土重力坝损伤诊断研究 [J]. 人民长江，2021，52 (7)：168 – 173.

[95] 张海龙，范振东，陈敏. 孤立森林算法在大坝监测数据异常识别中的应用 [J]. 人民黄河，2020，42 (8)：154 – 157，168.

［96］ 杨杰，吴中如，顾冲时. 大坝变形监测的 BP 网络模型与预报研究［J］. 西安理工大学学报，2001，17（1）：25－29.

［97］ 陈斯煜，戴波，林潮宁，等. 基于 PCA－RBF 神经网络的混凝土坝位移趋势性预测模型［J］. 水利水电技术，2018，49（4）：45－49.

［98］ HE J P，JIANG Z X，ZHAO C，et al. Cloud－Verhulst hybrid prediction model for dam deformation under uncertain conditions［J］. Water science and engineering，2018，11（1）：61－67.

［99］ STOJANOVIC B，MILIVOJEVIC M，MILIVOJEVIC N，et al. A self－tuning system for dam behavior modeling based on evolving artificial neural networks［J］. Advances in engineering software，2016，97：85－95.

［100］ MAHANI A S，SHOJAEE S，SALAJEGHEH E，et al. Hybridizing two－stage meta－heuristic optimization model with weighted least squares support vector machine for optimal shape of double－arch dams［J］. Applied soft computing，2015，27：205－218.

［101］ SU H Z，LI X，YANG B B，et al. Wavelet support vector machine－based prediction model of dam deformation［J］. Mechanical systems and signal processing，2018，110：412－427.

［102］ CHENG J T，XIONG Y. Application of extreme learning machine combination model for dam displacement prediction［J］. Procedia computer science，2017，107：373－378.

［103］ ALI M，DEO R C，DOWNS N J，et al. Multi－stage hybridized online sequential extreme learning machine integrated with Markov Chain Monte Carlo copula－Bat algorithm for rainfall forecasting［J］. Atmospheric research，2018，213：450－464.

［104］ 魏德荣. 大坝安全监控指标的制定［J］. 大坝与安全，2003（6）：24－28.

［105］ CHENG L，YANG J，ZHENG D，et al. The dynamic finite element model calibration method of concrete dams based on strong－motion records and multivariate relevant vector machines［J］. Journal of vibroengineering，2016，18（6）：3811－3828.

［106］ 路志阳，周兰庭，高迪. 基于改进人工鱼群算法的碾压混凝土坝粘弹性参数反演［J］. 三峡大学学报（自然科学版），2017，39（2）：1－5.